Ulrich Klever

Perros

Guía práctica para una convivencia feliz

Colaboración: Katharina Seybold
Fotografías: Christine Steimer
Ilustraciones: Renate Holzner

EVEREST

Índice

Historias divertidas e instructivas procedentes de la amplia experiencia de Ulrich Klever.

Capítulo 1

Convivir sin problemas

Consideraciones previas

Llevar un perro a casa significa hacerse cargo, durante los próximos 10 ó 15 años, de un ser vivo que permanecerá sometido y fielmente unido a su dueño -y a su "manada"-.

Introducción

Aprender a querer y a cuidar a tu perro correctamente es el contenido y la base de este libro, que descubrirá al dueño de un perro todo cuanto debe saber sobre este animal y sobre la convivencia con el mismo. En el momento en que un perro entra en casa, se establece un "contrato irrevocable y de por vida"; para el perro, el hombre es el jefe de la manada y de su familia y, por tanto, el centro de su vida. La convivencia con un perro es tan difícil como la educación de los hijos, requiere muchísimo tiempo y cuesta cada año una buena cantidad de dinero. Antes de adquirirlo, el futuro dueño debe pensar en el tipo de perro más adecuado, en el que mejor se adapte a sus hábitos de vida y a las condiciones de su vivienda. Debe recordar, asimismo, que los perros son animales que necesitan moverse cada día para sentirse satisfechos. Además, su alimentación debe ser racional y adecuada a su especie. Finalmente deberá hacerse cargo de su aseo, de su salud y de su bienestar (*véanse* las páginas 47 y 89). Por otra parte, este libro ofrece la posibilidad de conocer a fondo la naturaleza y el carácter del perro. Aunque han sido criados por el hombre y se han adaptado a su convivencia con él, los perros están condicionados en su comportamiento por las características de su antepasado el lobo. En los capítulos "El perro como un ser independiente" (v. p. 70) y "El perro y su comportamiento" (v. p. 75), señalo cómo el perro ve al hombre y las consecuencias que puede tener el hecho de "humanizarlo". Así se comprenderá mejor al perro, sus reacciones y su lenguaje corporal y sonoro, lo cual es muy importante para una convivencia sin problemas, pues sólo conociendo a fondo el comportamiento canino se educará adecuadamente al perro y se mantendrá un trato correcto con él. Como conozco la enorme importancia que tiene la educación del perro joven, he dedicado a este tema un extenso capítulo (v. p. 89).

Para esta guía canina he contado con las experiencias acumuladas a lo largo de mi vida con perros, y también con el saber adquirido en mi calidad de zoólogo y de autor de numerosos manuales de gran éxito. Este libro ayudará al lector a tener un perro sano y dócil con el que podrá establecer una afortunada relación hombre-animal, y hasta incluso una amistad.

Ulrich Klever

Cuestiones relacionadas con la adquisición

Quien se proponga adquirir por primera vez un perro deberá enfrentarse a una serie de cuestiones; todas ellas se plantean y resuelven en este capítulo para que no terminen convirtiéndose en problemas de difícil solución.

La convivencia con un perro

La adquisición de un perro significa la sustitución de su familia. En efecto, por su propia naturaleza, un perro es un animal de manada al que le gusta vivir en sociedad. Con el tiempo, ha reconocido en el hombre al jefe de la manada y ha terminado convirtiéndose en su "amigo cuadrúpedo". Para el perro es muy malo romper este vínculo pasado algún tiempo.

De ahí que deba tenerse siempre presente que:

- la convivencia con un perro dura como mínimo 10 años, e incluso más;
- el perro cuesta cada año mucho dinero;
- el perro va a reclamar a su dueño 2 ó 3 horas al día;
- el perro deberá disponer de espacio suficiente para tener un "alojamiento adecuado" y para moverse libremente.

Sólo quien sea capaz de cumplir estas condiciones podrá vivir con un perro. Nunca jamás debe adquirirse un perro por compasión, por seguir los caprichos de la moda o por intentar sorprender a la familia. La adquisición de un perro debe ser muy pensada y, a ser posible, debe planificarse con toda la familia.

¿Perro y gato?

Según mi experiencia, no hay ningún problema siempre que:

- existía espacio suficiente, de forma que los animales puedan "evitarse" entre sí;

Perro y gato: no hay problemas si crecen juntos.

Creciendo juntos, el niño y el perro terminan aprendiendo mucho el uno del otro.

- la raza canina sea tranquila por naturaleza y el gato sea pacífico.

Lo mejor es ofrecer a un perro adulto la compañía de un gato joven o hacer que ambos crezcan juntos. Es más difícil integrar un perro adulto en un grupo de gatos.

Otros animales domésticos, como el hámster, la rata, la cobaya o el conejo constituyen obviamente una presa para el perro. O se mantienen los animales rigurosamente separados unos de otros, o se renuncia al conejo o al perro. El hecho de que haya amistades realmente sorprendentes entre ciertos animales es la excepción que confirma la regla.

¿Otro perro?

Condición imprescindible: disponer de tanto espacio -a ser posible un jardín y varias habitaciones- que cada perro pueda contar con una "vía de escape" cada vez que necesite tranquilidad. Si el nuevo es un cachorro, la habituación recíproca es relativamente sencilla. Cuando el segundo perro es adulto, es preciso actuar con cautela y, sobre todo, no forzar nada. En cualquier caso es muy importante tratar a los dos perros de acuerdo con su jerarquía.

Perro y bebé: ¿es conveniente?

El perro ya integrado en la familia aceptará al bebé como un miembro más del grupo. Y lo hará como si fuera un cachorro al que tiene que aguantar y proteger. Los comportamientos inadecuados suelen ser muy poco frecuentes (sólo si se trata de perros muy neuróticos). Es imprescindible no dejar a un lado al perro, ni darle motivos de celos. El hecho de que el perro muerda a los extraños que cogen en sus manos al niño es una consecuencia de su instinto natural de protección.

Cuando un bebé está en camino, hay que llevar el perro a la consulta del veterinario, señalar al médico la existencia del perro y extremar la higiene (v. p. 61). Para evitar que más adelante el perro constituya una fuente de infecciones para el niño, se recomienda tratarlo regularmente contra los parásitos y vacunarlo todos los años (v. p. 60).

Debe evitarse, además, que el perro y el niño coman del mismo plato, se besuqueen recíprocamente y duerman en la misma cama.

Cuestiones jurídicas

El perro en un piso alquilado

Antes de adquirir un perro, es preciso examinar detenidamente el contrato de alquiler: ¿está autorizada la presencia de un perro en la vivienda? Desgraciadamente no existe una disposición legal unívoca sobre el hecho de tener un perro en las viviendas de alquiler. El derecho del individuo a desarrollar libremente su personalidad incluye la posesión de un perro bien educado, pues sólo entonces no molestará al resto de los inquilinos (por motivos de descanso y de higiene).

Tiene que demostrarse en cada caso concreto que la posesión de un perro representa para los demás vecinos una molestia insoportable, en forma de alboroto o de suciedad.

Mi consejo es llegar a un acuerdo oportuno con el arrendatario, o bien no suscribir un contrato de alquiler que impida tener un perro, pues para mí es mucho peor tener que prescindir de él sólo por un cambio de domicilio, que no poder llegar a adquirirlo.

El perro en una vivienda propia

En principio está plenamente autorizado tener un perro en la vivienda propia. Sólo la decisión unánime de los propietarios de las viviendas puede prohibir con carácter general que se tengan perros. No obstante, según la jurisprudencia, se admite un acuerdo que limita la tenencia de animales en las viviendas propias a un número aceptable.

El Scottish "mordedor"

Una dama que nunca jamás había tenido un perro, y que además apenas había tratado con animales, compró un Terrier Escocés joven. No sabía, por tanto, que los cachorros, incluido su Scottish, juegan a morder el talón de las personas, porque es lo que hacen con su madre. La dama corría gritando y el perro la seguía desbordante de alegría. Conclusión: el pequeño Escocés, de 12 semanas de edad, había querido atacar a su dueña. La criadora recompró el animal. Tiene ya 1 año de edad, es totalmente normal y lleva algún tiempo dedicándose a cosas distintas que morder el talón de una dama. De haberse quedado con la señora es posible que a estas alturas fuera un perro mordedor. Por su parte, su efímera propietaria dirá probablemente que los perros de la raza Scottish Terrier muerden.

El perro y sus gastos

He aquí los costes de un perro:

✔ Adquisición: teniendo en cuenta toda la vida del perro, éstos son los más pequeños. A la hora de comprar un perro no hay que ahorrar. La adquisición de un buen perro, dependiendo de la raza, edad, tipo de crianza y otros factores, puede oscilar entre los 600 y los 800 EUR. También podemos conseguir un perro en la Sociedad Protectora de Animales o en el Centro de Recogida abonando una tarifa que cubre los gastos de vacunación e identificación.

✔ Equipo: el precio depende de la calidad y de la frecuencia con que se renueve el equipo (entre 202 y 1 532 EUR en 10 años).

✔ Alimentación: un perro necesita diariamente una alimentación específica. Deben destinarse a la misma entre 0,50 y 4,20 EUR diarios lo cual, a lo largo del año, representa entre 183 y 1 533 EUR.

✔ Impuesto sobre los perros: varía según las regiones y la importancia de las poblaciones y supone actualmente entre 18,3 y 30 EUR al año.

✔ Seguros: es muy conveniente contratar un seguro de responsabilidad civil, que supone unos 50 EUR al año.

✔ Veterinario: las mismas vacunas anuales implican una visita al veterinario. Además, el perro puede estar enfermo o tener heridas. Pueden calcularse unos 100 EUR al año.

El perro en una casa

En este caso no existen problemas ni inconvenientes para tener un perro. Tratándose de casas adosadas, sobre todo si no están valladas, es preciso llegar a un acuerdo con los vecinos y procurar que el perro no moleste. Para evitarse malos ratos basta con educar bien al perro y pensar en los vecinos.

El perro y los vecinos

En una vivienda o en una casa adosada, el perro vive hasta cierto punto de cara al público. Los vecinos lo oyen, lo ven y tropiezan con lo que va dejando tras de sí.
Un perro "bien visto" debe:

- obedecer inmediatamente las indicaciones y las órdenes de su dueño;
- no ladrar ante el menor ruido;
- no ladrar a los extraños ni saltar contra ellos;
- no orinar en las aceras.

Sólo una persona irresponsable dejará suelto a su perro en un parque infantil.

El perro y sus excrementos

Es, sobre todo, una cuestión de respeto y constituye el mayor problema de la tenencia de un perro. No debe haber excrementos de perro en las aceras, algo que, sin embargo, como sabe todo dueño de un perro, no siempre puede evitarse. El que pasea al perro puede encontrarse con una multa, pues la administración de la justicia entiende que las aceras en las que los perros hacen sus necesidades constituyen un peligro abstracto para la salud de la población. Así se deduce del hecho, médicamente fundado, de que los perros pueden llegar a transmitir determinadas enfermedades.

Además los excrementos de perros en las aceras suponen un nuevo peligro en la medida en que pueden provocar el resbalón de los peatones con la consiguiente posibilidad de lesiones. Quien lleve a su perro a hacer sus necesidades a un campo o a un césped y no retire sus excrementos, incurre como mínimo en una ilegalidad, y puede incluso ser sancionado por no haber efectuado una eliminación de productos que comprometen al medio ambiente.

El "perro peligroso" y su comportamiento

Si los dueños de perros absolutamente normales se encuentran con una serie de disposiciones y leyes (como las que afectan al hecho de tener perros en una vivienda, o a la responsabilidad de la posesión de animales), el dueño de uno de los llamados "perros potencialmente peligrosos" tiene que atenerse a múltiples leyes y disposiciones.

Los perros de este tipo suelen considerarse peligrosos, por lo que en todas las Comunidades Autónomas existe la obligación de registrarlos. Ahora bien, como la reglamentación no siempre es la misma en los diversos municipios y el concepto de "perro peligroso" puede incluir razas diferentes -concretamente en este caso apunta a los perros potencialmente agresivos y peligrosos-, antes de adquirir un perro de estas características habría que estudiar la legislación y las disposiciones específicas de cada ayuntamiento.

En general, para este tipo de perros son obligatorios el bozal y la correa en los espacios públicos, algo que la jurisprudencia autoriza y es compatible con la ley de protección de animales. Si cambia de localidad habrá que atenerse a las disposiciones sobre la tenencia de perros allí vigentes.

El municipio puede incluso establecer unos impuestos más altos para los dueños de perros peligrosos y también exigir al propietario requisitos como un test psicotécnico, la ausencia de antecedentes penales y la mayoría de edad.

Adquisición y equipo

La convivencia prolongada con el perro será gratificante sólo cuando el animal se sienta a gusto. De ahí la necesidad de elegir el perro adecuado y escoger para él el mejor equipo.

La adquisición del perro

Como cada miembro de la familia suele tener su propia opinión sobre el "perro de sus sueños", la adquisición del mismo debe ser objeto de una reflexión y discusión en común. Asimismo, en la selección deben intervenir los dos cónyuges y los hijos mayores. Es muy importante actuar así, sobre todo tratándose de perros adultos de perrera (v. p. 18), que pueden establecer espontáneamente una unión con la persona que los ha sacado de ella creando dificultades a los restantes miembros de la familia en el momento de acercarse a ellos.

Los perros de raza se adquieren en los criaderos. Para hacerse con las direcciones correspondientes, acuda a las Sociedades Caninas o directamente a la Real Sociedad Canina de España (RSCE).

Los criadores aficionados y los dueños de perros tienen que vender cachorros deseados o no deseados. Ponen anuncios de los mismos en la sección de "Venta de animales" de los periódicos, de los boletines semanales o en Internet.

En las perreras hay perros increíbles de todas las edades esperando que alguien los acoja en su casa.

¿Cachorro o perro adulto? Cuanto más joven sea el perro, más lo sentirá su dueño como suyo. Se entiende por joven el perro de entre 10 y 12 semanas. Es muy importante que lo recoja el mismo dueño (v. p. 93); aunque el hacerlo le resulte incómodo, le reportará ventajas a lo largo de toda la futura vida del perro.

Un perro joven reclama mucho tiempo durante el primer medio año y su dueño no puede permitirse descuidos. Las exigencias de los cachorros son similares a las de los bebés: quieren estar siempre presentes, requieren saber dónde están y exigen un horario regular. Pero también quieren ser atendidos. Y su dueño deberá hacerlo, pues cuanto más se familiarice con el cachorro, tanto más fácil le resultará su trato con él durante los años siguientes. Aproveche el tiempo, pues para un cachorro un día supone tanto como una semana o incluso un mes para el hombre. Además los perros nunca tienen tantas ganas de aprender como en sus primeras etapas ("La educación del perro", v. p. 89).

Un perro adulto parece menos problemático a primera vista, pues es aseado, está mejor o peor educado y ha superado ya la edad "tonta". Piense, sin embargo, que un perro adulto tiene su propia personalidad, con todos los vicios y virtudes de su carácter. Tiene que aprender a conocer a su dueño, a nuevas personas y habituarse a ellos. Para ayudarle en este sentido se requieren mucha paciencia y gran capacidad intuitiva. En consecuencia, me permito recomendar ejemplares adultos únicamente a quienes cuentan con una cierta experiencia en el trato con los perros.

¿Por qué comprarlo a un criador?

- Puede elegir exactamente el perro deseado.
- Se conoce a la madre del perro, y es posible que al padre.
- Se observa el ambiente en el que se desarrolla el joven animal.
- El criador puede indicar con precisión al nuevo dueño las características propias de la raza y las peculiaridades individuales del perro. Así, puede formarse una idea más exacta del aspecto y de la naturaleza del perro.
- El criador ayudará al nuevo dueño a tratar adecuadamente al perro, y más adelante le aconsejará oportunamente.
- Si es un buen criador, y no un simple vendedor de perros, el criador podrá incluso desaconsejar la compra en el que caso de que una determinada raza resulte excesivamente problemática para el futuro dueño.

Basta una visita para reconocer inmediatamente a un **buen criador de perros**:

- Se limita exclusivamente a criar 1 ó 2 razas, y no dejará de hacer preguntas al futuro dueño para hacerse una idea del destino de su cachorro.
- Con él los perros no viven en una perrera, sino que hasta cierto punto los educa en su propia casa, por lo que establecen un contacto idóneo con el hombre y se encuentran en un ambiente muy variado.

Comprándolo en un buen criadero, existen garantías plenas de que el perro es realmente de raza.

- El perro está física y psíquicamente sano, ha sido tratado con vermífugos, ha sido vacunado y cuenta con la documentación requerida: registro genealógico (con su fecha de nacimiento y su entrada acreditada en el Libro de Orígenes Español de la RSCE) y documentos acreditativos de vacunación (v. p. 60).
- El perro lleva tatuado un código numérico o tiene bajo su piel un microchip con un número. Este código o este número permiten incluir al perro en un registro de animales domésticos para poder encontrarlo en caso de pérdida. Tratándose de perros de raza, este número queda registrado también en el árbol genealógico.

Los **criadores aficionados** facilitan asimismo información sobre el ambiente y los padres de los que procede el perro (a no ser que la decisión recaiga sobre un perro bastardo, en cuyo caso se conoce al menos a la madre).

¿Perro recogido?

En este caso la decisión habrá de adoptarse con mucha cautela, pues siempre interviene el azar. Se necesita una cierta experiencia con perros, ya que se desconocen totalmente los antecedentes del animal o se sabe muy poco de ellos (a no ser que los empleados del centro de recogida faciliten información en este sentido). Por tanto, no piense en un perro bien educado, siempre aseado y sin problemas. Lo mejor es adquirir en el centro de recogida un perro joven de raza.

No obstante, un perro de refugio significa un perro salvado. En efecto, en los centros de recogida viven perros no deseados que han llegado hasta allí por muerte, enfermedad, separación o traslado a una vivienda en la que está prohibido tener perros, o que han sido abandonados por cansancio y hastío. Los más desafortunados son los perros de cierta edad y los perros viejos, pues prácticamente nadie se hace cargo de ellos. Pueden ser perros problemáticos, pero también representan una gran alegría para su dueño. Por lo demás, no se entrega a cualquiera un perro de la perrera; el establecimiento examinará detenidamente el nuevo hogar y su idoneidad para acoger a un perro.
En estos centros todos los perros están sometidos a un control regular del veterinario. En el caso de decidirse por un perro de refugio o de la Sociedad Protectora, debe saber que generalmente habrá sido tratado con vermífugos, que estará vacunado y que probablemente estará castrado, lo cual implica obviamente ciertos gastos. De ahí que deba efectuarse cierta entrega de dinero. Además debe suscribirse un contrato de protección, pues el nuevo dueño se compromete a no dedicar el perro a la cría (para evitar la llegada a la perrera de una oleada de cachorros), a no desprenderse del animal sin consultarlo con la perrera, a mantenerlo en las condiciones adecuadas y a atenderlo médicamente en caso de enfermedad.

¿Perro o perra?

Es una cuestión de preferencias personales. Cada perro es distinto. **Lo único cierto** es que las perras están en celo 2 veces al año, que en estos períodos presentan un comportamiento distinto, y que al final pueden terminar teniendo descendencia (v. p. 84). Los perros darán muestras de excitación sexual cada vez que en su entorno haya una perra en celo, y en los paseos levantan con más frecuencia su pata para fijar sus marcas olorosas (v. p. 82).
Recomiendo comprobar el número de perros y de perras existentes en la vecindad y decidirse por la mayoría; así resultará menos problemático.

Cuando vaya a elegir un perro de raza, debe procurar la coincidencia entre las necesidades del dueño y las del perro. Los dálmatas y los boyeros de Berna necesitan andar mucho.

¿Necesariamente un perro de raza?

Independientemente de que la decisión recaiga en un perro de raza o en un perro bastardo, no existe ninguna garantía de que la convivencia sea pacífica. El segundo ofrece las mismas posibilidades de coexistencia armónica que el primero.

Los perros de raza presentan unas disposiciones y unas facultades muy marcadas, de las que carecen los perros bastardos y los que proceden de cruces de varias razas. Sucede con frecuencia que los perros bastardos son más inteligentes y más resistentes que los perros de raza esmeradamente criados, en los que se busca sobre todo un aspecto perfecto. El dueño de un perro de raza sabe exactamente lo que puede esperar de él. También en los perros bastardos son importantes los padres, que muchas veces son desconocidos. En consecuencia, la adquisición de un perro bastardo es un juego de azar, pero en cualquier caso puede representar un gran premio para su dueño.

Si la decisión recae en un perro de raza, es preciso informarse de los problemas sanitarios específicos de la raza en cuestión, como la propensión hereditaria a las deformaciones del esqueleto. Un criador responsable únicamente trabajará con perros totalmente ajenos a las enfermedades específicas de su raza.

Klaus y su traje

Klaus, un Téckel de pelo duro, no era fuerte pero era, desde luego, un Téckel... aunque desgraciadamente como una caricatura, pues casi siempre llevaba un traje gris con aplicaciones de hojas de encina y, en los días de frío, un abrigo de lana. Su dueña estaba orgullosa de él y de su ropa, confeccionada y tejida por ella misma. Únicamente le preocupaba el pelo de Klaus, que cada vez era más débil. Como el veterinario lo atribuía a la ropa, la mujer cambió de veterinario. Un día un perro de muestra mordió a Klaus en la espalda y le dio unas buenas sacudidas. El abrigo evitó lo peor, pero no dejó de ser la causa de todo. Había llovido y el abrigo olía exactamente igual que una liebre, como comprobó el nuevo veterinario al que había acudido la mujer. Éste fue el motivo por el que actuó el perro de caza. Klaus dejó de llevar esos trajes y su pelo empezó a fortalecerse.

La gran cuestión: ¿qué raza?

Muchas veces la raza soñada no se adapta a las circunstancias de la vida concreta del futuro dueño; en este caso, ni pueden ni deben hacerse experimentos. Es mucho mejor que los deseos se correspondan con la realidad. La selección y las posibilidades son muchísimas: hay mas de 300 razas distintas de perros. En este libro se incluyen las 60 razas de mayor aceptación (v. pp. 114-143).

En resumen, estudie concienzudamente la raza que mejor se adapte a la situación del futuro dueño. En el capítulo dedicado a las razas se analizan las diferentes necesidades y características.

Equipo básico

Siempre digo que hacerse con un perro no significa todavía ser su dueño. La condición de dueño se adquiere no sólo a través de la compra, sino por la convivencia con el perro, lo cual es algo que debe aprenderse. ¡Pongámonos a ello! Al llegar a casa, el nuevo perro no es todavía más que un "pobre" perro, pues fuera de su dueño no tiene nada. Ahora bien, para sentirse a gusto y poder vivir civilizadamente necesita toda una serie de cosas.

Lo primero que recibe un cachorro es el nombre. En la vida cotidiana el nombre derivado del árbol genealógico que se le impuso en el criadero no suele ser el más adecuado (por ejemplo los cachorros de la misma camada pueden llevar todos las mismas letras iniciales), por lo cual se escogen nombres que con frecuencia suelen ser llamativos. Como es y debe ser objeto de una utilización muy frecuente, el

El collar y la cadena son muy importantes y deben estar en relación con el tamaño del perro.

nombre del perro tiene que ser claro y no ha de sonar duro, como si fuera una orden o un reproche. Los más aconsejables son las palabras bisílabas con las vocales *o*, *u* y *a*. Piense en la posibilidad de tener que llamar al perro en medio de mucha gente... hay que dar paso a la imaginación.

De todas las cosas que necesita un perro, las siguientes son absolutamente imprescindibles:

- una cama (v. p. 25);
- una manta (v. p. 25);
- dos cuencos (v. p. 25);
- un collar (v. en esta página);
- una correa (v. p. 22)
- un cepillo o un peine (v. p. 24);
- varios juguetes (v. p. 24).

Los artículos para perros pueden adquirirse en tiendas especializadas, o bien pueden encargarse por catálogo a las casas de venta por correspondencia que se anuncian en las revistas de perros.

Un collar

El collar utilizado para los cachorros deberá ser muy sencillo, pues no tardará en quedarse pequeño. El collar llevará una plaquita o una bolsita con la dirección del dueño y la indicación del nombre para poder recuperar el perro que tal vez se haya escapado.

El collar cumple dos funciones en la vida de un perro:

- sujetarlo, mediante la correa o directamente con la mano y
- servir de adorno.

Esto significa, por una parte, que un collar debe tener la consistencia correspondiente a la raza y a la fuerza de tracción del perro y, por otra, que debe confeccionarse teniendo en cuenta la raza y nuestro sentido estético.

La oferta de collares es amplísima. La mayoría de ellos se abrochan como un cinturón, lo cual tiene sus inconvenientes, pues si la hebilla queda floja el perro puede salirse del collar y soltarse de la correa, pero si se aprieta demasiado, el perro sufre.

La solución está en comprar un collar corredizo que se apriete en caso de necesidad. Adquiera en cualquier caso un collar en el que la anilla corrediza se encuentre con un tope. Si el tope falla, existe el peligro de que el dueño estrangule a su perro o bien de que éste se

Cuando quiere que no se le moleste, el perro se recoge encima -o debajo- de su manta.

ahogue con su propio collar. Esto puede evitarse también con un arnés que se extiende por el cuello y el pecho y se lleva de un modo holgado. Es muy bonito, pero poco apropiado para los perros que tiran con fuerza, prescindiendo de los arneses de los perros de trineo o de los sabuesos.

Los collares de cadena son muy ligeros y se puede llevar otro en el bolso (muy importantes para los paseos de adiestramiento, v. p. 95).

A la hora de adquirirlos piense en un material inoxidable, a fin de no alterar el color de la piel clara. Los collares de cadena no sirven para los cachorros. Los dueños de los perros utilizan generalmente collares de cuero o de tejido.

Los collares deben estar en relación con la raza del perro. Para comprar collares caros hay que esperar a que el perro se haya desarrollado plenamente.

Una correa

El que la correa sea corta o larga, ancha o estrecha, depende del gusto personal y/o del tamaño del perro.

Una correa extensible, de entre 4 y 10 metros de longitud, satisface ambos requisitos. Se extiende automáticamente, se puede determinar el radio de movimiento del perro utilizando un freno accionado con el dedo pulgar y con el *stop* permanente se consigue que el perro esté muy cerca. Presenta el inconveniente de tener que llevar en la mano una caja de plástico con asas del tamaño de un bolso. Si se cae, el enrollamiento automático hace que se mueva tintineante sobre el perro, el cual se asusta y puede llegar a escaparse.

Correas regulables con mosquetones. Su material, su anchura y su hechura responden a una decisión personal del dueño del perro y dependen también de la raza.

El gancho que sujeta las correas es muy importante. Existen tres tipos:

- el mosquetón simple es seguro, pero para separarlo de la correa hay que ejercer una presión muy fuerte con el pulgar.
- el mosquetón de tijera se puede abrir fácil y rápidamente, pero cuando el resorte se ha aflojado se produce la apertura automática, por lo que no es demasiado seguro.

Una manta extendida en forma de bañera sobre los asientos posteriores ofrece al perro una protección segura durante el viaje en coche.

El perro recibe aire suficiente en el coche a través de una rejilla de aireación.

- el mosquetón de resorte (mi preferido) es fácil de abrir (con una sola mano) y, aunque se estropee el cierre, siempre sujeta la anilla del collar.

La **obligación de llevar correa** está establecida por las ordenazas de la mayoría de los municipios. No se trata sólo de los perros peligrosos, sino también de los perros que por su tamaño representan un peligro para las personas que necesitan protección.

Para el coche

En las tiendas de productos para animales hay:

- redes protectoras, que separan la parte trasera del coche de los asientos delanteros impidiendo que el perro suba o salte hacia delante, o que vuele por el coche cuando se produzca un frenazo brusco;
- mantas especiales que, extendidas sobre el asiento posterior, ofrecen al perro un lugar seguro en forma de bañera;
- rejillas de aireación, que se aseguran en la ventana abierta y facilitan la entrada de aire fresco sin que formen corrientes en el coche, y a la vez impiden que el perro asome su cabeza al exterior (*véase* fotografía superior);
- bidones de agua y bebederos para los trayectos largos.

Otros artículos de interés

Además del equipo básico imprescindible, hay otros artículos que resultan muy útiles.

El **silbato** para perros se necesita cuando se deja correr al perro al aire libre y hay que llamarlo a larga distancia. También viene muy bien para educar al perro. Constituye un sonido uniforme y tiene un alcance superior al de la voz humana. Soy partidario de los silbatos de ultrasonidos, cuyos tonos no pueden ser percibidos por el hombre. Con este silbato se evita alterar el descanso con silbidos estridentes.

Bolsas para excrementos o recogedores especiales, que adquiridos en las tiendas especializadas permiten retirar las deposiciones caninas.

Un bozal consiste generalmente en tiras trenzadas de cuero, de plástico duro o de nailon ligero, que se ajustan al hocico de forma que el perro no puede morder, aunque puede jadear. El bozal es muy aconsejable, incluso en la consulta del veterinario, para los perros mordedores que han atacado y herido varias veces a otros perros o también a personas. Algunas regiones establecen la obligatoriedad del bozal para algunas razas y para los perros que superen una altura y un peso determinados. Es asimismo obligatorio en algunos países de la Unión Europea (por ejemplo, en Italia y Austria).

Una perrera en el jardín es muy útil para alojar provisionalmente a razas grandes y poco sensibles, como el Pastor Alemán, el San Bernardo o el Terranova, y también a los perros impulsivos y muy despiertos como el Dobermann, el Rottweiler y el Bull Terrier.

Equipo básico para el perro

Todos los artículos que conforman el equipo básico son muy importantes para el bienestar del perro, y deberá contar con ellos antes de comprar el perro. Pueden adquirirse en tiendas especializadas o en las casas de venta por correspondencia.

La mayoría de las razas caninas disfrutan jugando hasta una edad muy avanzada.

Juguetes para perros

Como los perros juegan con la boca, los juguetes deben estar hechos de un material adecuado, no peligroso, y no ser tan pequeños que el perro pueda tragárselos. Son improcedentes los juguetes de goma o de plástico blandos, los de material rompible y los lacados.
Las tiendas especializadas ofrecen una gran variedad de juguetes, desde el pato de goma hasta los discos voladores pasando por las pelotas, los balones rellenos, los aros para lanzar, los muñecos y los palos.
También es muy recomendable un hueso de mascar de piel de búfalo, para que el cachorro refuerce los músculos masticadores, y más adelante pueda limpiar su dentadura.

Cepillos, peines y rascaderas

El cepillo es imprescindible para la mayoría de las razas y todos los perros disfrutan cuando se los cepilla adecuadamente.

Para **las razas de pelo liso y corto** se recomienda:
- un cepillo de cerdas naturales;
- un cepillo de plástico blando o de goma para eliminar mediante la carga electroestática los pelos cardados; en este caso, debe utilizarse un guante con tacos de goma;
- una gamuza para el abrillantado al final del proceso.

Tratándose de **perros de pelo largo** las cosas son distintas y se necesita:
- un cepillo especial con mango resistente para el cachorro.

Además se necesita:
- un peine de púas gruesas;
- un peine de púas finas;
- un cepillo metálico de puntas redondeadas -para no dañar la piel-, cuyas púas se insertan en una base de goma flexible;
- un cepillo con cerdas naturales fuertes;
- cuchilla, carda y peine para desenredar las partes de pelo enmarañado que no dejan de aparecer a pesar del aseo periódico.

No soy partidario de las cerdas de plástico, que me parecen excesivamente duras y agresivas. El criador informará de lo más recomendable para cada raza.

Tratándose de **perros de pelo duro con subpelo fuerte** se necesita:
- un peine de púas de tipo entre medio y grueso;
- una carda para desenredar;
- un cepillo para estirar;
- una cuchilla de *triming.*

Ropa para el perro

El pelo del perro es un recubrimiento tan independiente de las condiciones meteorológicas que todas las empresas textiles estarían interesadas en conocer el secreto de su producción. De ahí que no sea necesario ningún tipo de ropa.
Excepciones: los perros viejos o sin pelo, como las razas de perros desnudos, y las razas pequeñas y delicadas de pelo corto, como los chihuahuas o los pinscher enanos, pueden llevar un abrigo para con-

El cuidado periódico del pelo impide el enmarañamiento de éste.

servar el calor en los días de mucho frío (sobre todo si apenas se mueven) o un impermeable. Recuerde, no obstante, que los perros criados entre algodones son más delicados y enferman más fácilmente.
Ropa íntima: unas braguitas de protección para los días de celo pueden resultar ridículas, pero evitan que la sangre manche las alfombras de la casa.

Dos cuencos

Cada perro debe disponer de su propia vajilla. Necesita un cuenco para el agua, pues debe tener siempre a su disposición agua fresca, y otro para la comida. También se recomienda:

- un bebedero pesado de arcilla esmaltada;
- un comedero esmaltado de metal compacto y consistente, con tacos de goma para evitar su deslizamiento.

Se recomiendan, asimismo, los cuencos de acero.
Es importante que:

- los cuencos sean pesados, para que el perro no pueda jugar con ellos en el momento de comer;
- que sean antideslizantes o que estén puestos sobre una base antideslizante, que además tiene la ventaja de evitar que se manche el suelo;
- sean fáciles de limpiar;
- no sean demasiado pequeños, porque en tal caso el perro se ensuciaría demasiado al comer.

Los perros de orejas largas disponen de cuencos especiales que se estrechan en forma de cono en su parte superior, evitándose así que las orejas cuelguen sobre el cuenco.

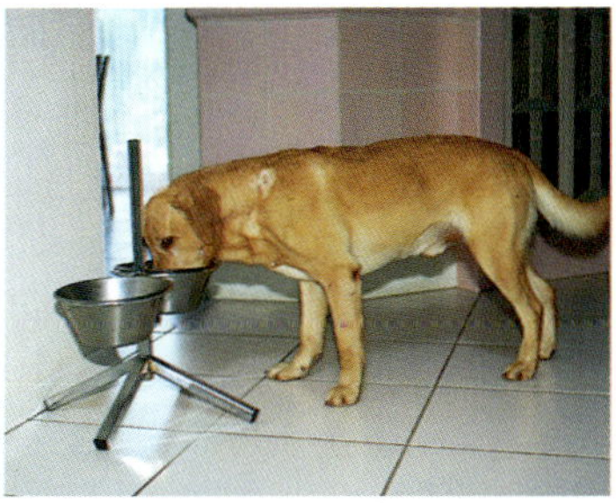

El mejor lugar para los cuencos es un suelo fácil de limpiar.

También es muy práctico el armazón que reúne el comedero y el bebedero. Procure que éste tenga patas antideslizantes.
Existen armazones de altura regulable para los perros grandes, de forma que éstos crecen paralelamente a los cachorros.

Un lugar para descansar

El perro debe disponer de un lugar propio para recogerse, exclusivamente reservado para él. Puede ser un colchón, una cesta, una caja o una cavidad. Es imprescindible evitar el frío del suelo.

Sea cual sea la decisión adoptada, lo importante es que el alojamiento escogido tenga las dimensiones suficientes como para que el perro, que generalmente duerme encogido, pueda estirarse o permanecer tumbado en él. Para ello se toman las medidas de un perro adulto de la raza escogida desde la punta del hocico hasta el extremo de la cola. Quien se atenga exclusivamente al tamaño del cachorro, a los 9 meses tendrá que cambiar de alojamiento.
Tratándose de cachorros en sus primeros meses son poco aconsejables las cestas de mimbre; son preferibles las jaulas.

Una manta para tumbarse

Tiene que ser lavable y desinfectable, pues en ella pueden instalarse pulgas. Aunque la vieja manta de lana sea barata (y en cualquier caso viene muy bien al principio), es preferible una manta especial, que al mismo tiempo que cálida, es también seca y suave. Tengo muy buenas experiencias con la manta absorbente concretamente, que no es barata, pero tiene unas características muy apreciables.

Equipo básico para cubrir las necesidades más importantes del perro.

Capítulo 2

La convivencia con el perro

Viviendo con el perro

Cada una de las razas plantea a sus dueños y a su entorno sus propias exigencias, que habrá que tener en cuenta para lograr la salud y el bienestar del perro.

El perro en un piso y en una casa con jardín

El perro es un animal que prefiere someterse a un orden establecido y que quiere saber exactamente dónde está, por lo que es preciso organizar su vida teniendo en cuenta estas circunstancias.

El primer problema surge cuando el perro es un "perro solo", entendiendo por tal al animal cuyo dueño mantiene una actividad profesional, por lo que se pasa mucho tiempo solo. No existe una raza especialmente idónea para esta situación; por su propia naturaleza los perros son animales sociales. En todo caso, quien crea que no puede renunciar a un perro habrá de tener en cuenta lo que a continuación se indica.

La decisión de hacerse con un perro no puede ser fruto de un humor pasajero, pues hay que estar dispuesto a ocupar todo el tiempo libre con él. No es posible escatimar la presencia junto al perro durante el día ni desentenderse de él por la tarde. Lo mismo cabe decir de los fines de semana. Es preciso organizar la jornada laboral de forma que el perro no permanezca solo más de 8 horas seguidas. Además, el perro debe contar con un sitio fijo en la vivienda que le pertenecerá en exclusiva.

El perro debe estar bien educado y tener en consecuencia una profunda confianza en sí mismo para tolerar la soledad de cada día, que en su caso es antinatural. Para ello habrá que recurrir repetidamente a la aprobación, a las experiencias agradables y a los premios.

Haga un intento con una casita para perros en la propia vivienda. Se trata de un sitio ideal, seguro y familiar. Los perros solos que conozco y que planteaban problemas dejaron de comportarse mal y se tranquilizaron al disponer de una de ellas.

Reacción correcta al mal comportamiento: a los perros que en ausencia de su dueño destruyen los muebles, ladran constantemente o abandonan sus hábitos de limpieza no se les puede recriminar y castigar al volver a casa. En efecto, el perro se alegra por el reencuentro y relaciona el castigo con el momento inmediato y no con lo que haya podido hacer una hora antes. Cierre determinadas habitaciones. Facilite al perro un hueso grande para que pueda roerlo por aburrimiento. Póngale la música habitual e intente analizar las causas de los problemas que se presentan súbitamente. La soledad puede ser objeto de entrenamiento, y tanto el mal compor-

El tiempo se pasa fácilmente en soledad cuando se dispone del juguete favorito, un “nudo” de cuerda en este caso.

tamiento como el terror a la separación admiten una terapia en la mayoría de los casos (v. también “El perro y sus alteraciones de comportamiento”, p. 64).

La alternativa: ¿dos perros? Como estoy en contra del “perro solo”, no soy partidario de dos perros que vayan a estar solos, aunque las cosas pueden funcionar bien si ambos se adaptan el uno a otro y se complementan entre sí.

El perro con casa y jardín

Es un perro con suerte, pues puede salir cuando quiere. De todos modos, el jardín no libera a su dueño del paseo diario. Si para llegar a la puerta de la vivienda hay que atravesar el jardín, la puerta exterior deberá permanecer cerrada o bien habrá que colgar un cartel con la inscripción “Cuidado con el perro” o algo parecido, aunque se trate de un perro pequeño. Hay personas a las que los perros les dan miedo.

La valla del jardín deberá estar hecha de tal manera que el perro no pueda saltarla ni pasar a través de ella.

Se recomienda colocar el buzón de las cartas delante de la puerta del jardín, pues la relación entre los carteros y los perros suele ser problemática.

El perro que vive en el exterior

Para tener un perro al aire libre hay que escoger la raza adecuada, y debe tenerse en cuenta lo siguiente:

- cuanto más tupidos sean el pelo de cobertura y el subpelo, más aconsejable es tener el perro al aire libre;
- el “perro de aire libre” debe acostumbrarse a esta vida desde pequeño e irse endureciendo paulatinamente;
- ningún perro de familia debería estar únicamente al aire libre. Necesita el contacto familiar y las visitas regulares.

La casita deberá ser lo suficientemente grande como para que el perro quepa holgadamente en ella. Debe resistir absolutamente todos los tirones y estar acolchada. Las tiendas especializadas disponen de diversos tipos de casitas para perros y de jaulas.

La perrera es cómoda para el propietario de un jardín. Debe estar parcialmente en la sombra, su suelo será de tal naturaleza que el perro pueda cavar un hoyo (como cama natural) y habrá de contener arena lo más limpia posible.

Cuando el perro tiene que pasar muchos ratos solo, le viene muy bien una acogedora casita en la propia vivienda para superar la soledad.

El rincón de la comida

Independientemente de que el perro viva en un piso, en una casa con jardín o en una perrera, los cuencos para el agua y para la comida deben estar siempre en el mismo sitio. Allí será donde coma el perro, a ser posible siempre a la misma hora. Lo mejor es la cocina, donde el suelo se limpia fácilmente, pues los perros manchan al comer. Coloque los cuencos en un sitio tranquilo, nunca en un pasillo. Para el perro es molesto que se le incomode mientras come.

Las molestias regulares pueden:

- inducir al perro a tragar precipitadamente;
- producir exactamente el efecto contrario, y hacer que el perro termine comiendo mal;
- hacer creer al perro que se pretende dejarle sin comer.

El perro y la vivienda

Normas para el perro en la vivienda

Obviamente, existen diversos tipos de vivienda. Cada una de ellas ofrece al perro una calidad de vida diferente. Las siguientes normas facilitan la convivencia con el perro en una vivienda.

✔ Cuanto mayor sea la ciudad y más alta la casa en la que se viva, tanto más pequeño habrá de ser el perro.

✔ Cuantas más escaleras haya, tanto más habrá de ser un perro "de patas normales". En las tiendas especializadas suele haber bolsas especiales para las razas pequeñas de patas cortas con las que se puede llevar al perro con una sola mano escaleras arriba y abajo.

✔ Cuanto menor sea el tiempo libre del que se disponga, más esmerada deberá ser la atención al perro.

✔ Cuantas menos posibilidades existan de poder pasear por los alrededores, menos aficionada a andar habrá de ser la raza elegida.

✔ Cuanto más inquilinos haya en la casa, menos ladradora deberá ser la raza escogida.

Asimismo, la retirada regular del comedero lleno, como equivocadamente recomiendan algunos educadores, lleva al perro a defenderse. Por tanto, nadie puede pisar la cocina mientras el perro come. Este comportamiento defectuoso sólo puede corregirse con cierto esfuerzo.

El bebedero puede estar cerca del comedero, aunque también puede encontrarse en otro lugar. Por ejemplo, en el pasillo o (eventualmente) en el lugar donde duerme. Debe contener siempre agua fresca. No soy partidario de la tesis de que hay que dar agua al perro sólo cuando tiene sed, porque bebiendo excesivamente se aflojan sus músculos. El perro puede estar bebiendo demasiado por los motivos siguientes:

- necesita mucho líquido, porque sus comidas son secas;
- está enfermo; en tal caso se impone la visita al veterinario para que descubra la causa;
- bebe por aburrimiento. En tal caso es cuestión de controlar las tomas y ocuparse más del perro.

El sitio para dormir

El sitio para dormir y descansar durante el día debe encontrarse en un rincón tranquilo y resguardado de las corrientes de aire. A ser posible tratándose de un piso, no debe estar ni en el pasillo ni junto a la puerta, para que el perro no tenga la impresión de haber sido designado "el guardián" de toda la casa. En este lugar permanecerá el perro durante el día.

En verano los perros prefieren estar delante de la puerta o en el balcón, desde donde observan el entorno.

Por la noche el perro prefiere dormir en el dormitorio o delante de él, pues condicionado por su pasado de lobo, desea estar cerca de la manada; de lo contrario, se siente rechazado. De ahí que dos o más perros, que creen formar una manada, pueden también dormir juntos en cualquier otra parte. Llevar al dormitorio un perro cuando se tienen varios es un error grave, pues se sentirá tan preferido que se resentirá el orden jerárquico natural, a no ser que el perro en cuestión sea el "jefe de la manada".

Es absolutamente preciso que el "perro solo", es decir, el perro que se pasa solo el día porque su dueño se dedica a sus actividades profesionales, pase la noche con su dueño. Su sitio para dormir estará en el dormitorio o delante del mismo. El perro está más profundamente unido a la persona junto a la que duerme, pues la noche es el período de tiempo más prolongado en el que se mantiene en contacto directo con su dueño.

El perro en la cama es una cuestión de pareceres. No obstante, tratándose de un contacto tan estrecho entre perro y hombre, por motivos de higiene se deberá procurar que el perro esté debidamente vacunado, espulgado y tratado con vermífugos.

Yuco y la cama de la abuela

Yuco es un Beagle al que su dueña le permite dormir en su cama. Cuando la familia salió de viaje, la abuela fue la que se hizo cargo de la casa y de cuidar a Yuco. El perro podría dormir en el cuarto de huéspedes, pero no en la cama. A pesar de todos sus gemidos, la abuela se mantuvo firme e incluso llegó a echarle de la cama cuando saltó a sus pies. Yuco echó mano de sus recursos: a la noche siguiente arañó la puerta exigiendo pasar adentro. La abuela se levantó y se puso un albornoz. Al abrir la puerta, Yuco pasó junto a ella, saltó a la cama vacía y se acurrucó junto a la pared... no había manera de sacarlo. Desde entonces, comparte la cama con su "cuidadora".

El paseo

Los perros aman y hasta adoran la correa. Es la llave al mundo exterior y un símbolo de libertad, aunque vayan atados a ella. La correa significa paseos, aventuras, encuentros con otros perros, rastros, olores y la realización del modo de ser canino, consistente en ser un animal corredor. Todo esto está expresado en términos humanos, pero está sentido "caninamente", siempre que los paseos sean como deben ser. No es posible tener un perro sin que salga nunca de casa como si fuera un gato.

Normas para salir a la calle

Cuatro veces al día deberemos sacar a pasear al perro para pueda desentumecerse satisfactoriamente y compensar sus 10 y 12 horas de sueño. De no hacerlo, nos encontraremos en pocos años con un perro enfermo.

La micción: los perros, y a veces también las perras de alto rango, eliminan su orina en cantidades determinadas, distribuidas a lo largo del paseo en el que anteriormente ha orinado otro perro. Los estudiosos del comportamiento designan este fenómeno con el nombre de marcación, y el poder establecer varias marcas es muy importante para la conciencia que el perro tiene de sí mismo.

¿Dónde pasear?

En el campo, el problema no existe; basta con acercarse a una zona verde o al bosque y dejar que el perro corra a sus anchas. Para poderle dejar correr libremente hay que conocer las circunstancias locales y también al perro, por ejemplo si existen cazadores ávidos de disparar, o si el perro caza. En este caso no se debe soltar al perro.

En la ciudad las cosas son más difíciles. El perro tiene más cosas que husmear (mayor población canina), pero está expuesto a la emisión de gases, sufre el ruido del tráfico y no puede librarse de la correa, lo cual tampoco es una tragedia. En la ciudad accedemos en coche o andando a parques y jardines y

Para que un macho adquiera conciencia de sí mismo es muy importante que realice varias marcas durante su paseo.

también a plazas en las que se citan varios dueños de perros. Todo ello ofrece una buena ocasión para que nuestro perro entre en contacto con otros perros y aprenda a comportarse en sociedad (v. p. 81).

El jardín propio, aunque sea muy espacioso, no sustituye a ningún paseo. Aunque se mueva libremente por el jardín, el perro carecerá de las nuevas impresiones que recibe con un paseo y que le son imprescindibles para convertirse en un perro psíquicamente sano. Un jardín resulta muy práctico para soltar al perro por la mañana por primera vez y hacer lo mismo por última vez al anochecer. El perro puede jugar en el jardín, pero no puede marcarlo, algo muy importante para la conciencia del macho. Además la mayoría de los perros se resiste a efectuar sus deposiciones en el territorio de su propia casa.

El balcón: sólo en casos excepcionales. Hay gente cuyos perros andan sueltos por el balcón sobre un papel. Esto sólo puede hacerse cuando el perro es pequeño y cuando la enfermedad le impide salir a la calle. De no ser en estas circunstancias no se puede tener así a ningún perro; el "perro de balcón" terminará atrofiándose psíquicamente.

¿Cómo pasear?

Acercarse hasta la esquina próxima o dar la vuelta a la manzana no es un verdadero paseo. El perro es un animal corredor, lo cual implica moverse, como mínimo media hora 4 veces al día. Lo mejor es que el perro ande 1 hora todos los días -le viene bien a su salud- y más tiempo durante el fin de semana. Como es natural, la duración y las características de los paseos dependen de la raza del perro.

En defensa de la correa

Para andar con el perro entre la gente es preciso llevarlo con la correa por razones de consideración. Mucha gente se resiste a que un perro desconocido se le acerque, le olfatee o le salude saltando encima. En este caso, no tiene nada que ver que el perro sea pequeño o grande. Y una raza con mala imagen, como un Pastor, un Dobermann o un Dogo, provoca reacciones de angustia que dan lugar a un comportamiento desafortunado del individuo que, a su vez, es interpretado mal por el perro.

El paseante bien educado

En realidad lo que debe pedirse al dueño de un perro es que éste le obedezca, y que él mismo sea respetuoso. Sólo así se desmontarán las prevenciones contra los perros, cada vez más frecuentes. Todos los perros, desde el Téckel hasta el Perro Lobo Irlandés, deberían acudir a un club canino.

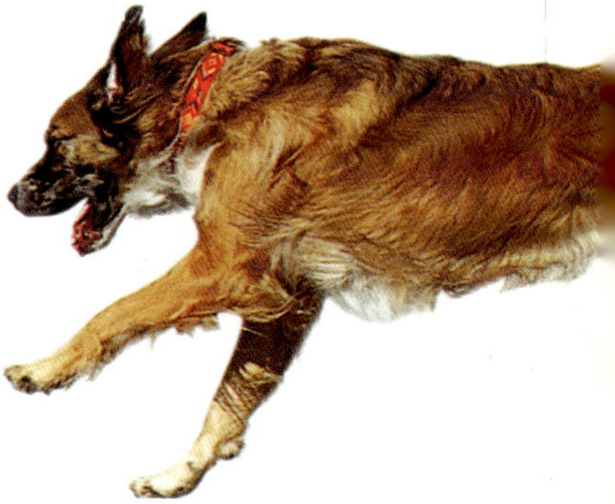

El perro encuentra más interesante el paseo si dispone de tiempo para efectuar descubrimientos.

El dueño consecuente sale a pasear con y para su perro. Esto quiere decir que no recorre los itinerarios por él establecidos, sino que cede a su perro la libertad de olfatear y de husmear donde y como quiera. Le permite entrar en contacto con otros perros, cuando en el encuentro con congéneres desconocidos la correa representa más bien un obstáculo, y acentúa en el perro su conciencia de sí mismo al unirlo directamente con su jefe de manada.

Mantener la autoridad. Sin embargo, el dueño del perro no puede desentenderse y dejarse llevar de un árbol a un arbusto, pues con el perro no sirve la frase de que "el sabio cede". A pesar de todas las libertades que conceda a su perro, convencido de que "es el paseo del perro", no debe perder su autoridad. Para ello está el recurso de la correa, que es como la prolongación del brazo. El tirón corrector, sin que medie una sola palabra, no debe ser suave, sino decididamente enérgico; sólo así el perro caerá en la cuenta, e inmediatamente después se aflojará la correa.

Si el perro se revuelca en la suciedad, se da por terminado el paseo según sea la intensidad del olor. Es cuestión de ir a casa y de lavarlo. No debe castigarle, exceptuando alguna enérgica voz de desaprobación, pues hasta el Caniche más limpio puede sucumbir a un "rapto de olores" cuando huele algún cadáver en putrefacción, alguna cáscara de limón en descomposición o excrementos humanos... el perro tratará de "perfumarse" con todas estas cosas.

Normas para los días de frío

La estación fría plantea problemas especiales y exige la adopción de medidas específicas.

- ¿Cuándo cortar y arreglar el pelo? En octubre más o menos, y no demasiado. En invierno tampoco se puede bañar al perro.
- ¿No sacar a pasear al perro con frío? El frío seco no es tan molesto como el tiempo húmedo y frío. Los perros que se mueven mucho son menos sensibles que los perros lentos. Los perros de pelo largo acusan menos el frío que los de pelo corto.
- ¿Abrigo en invierno? Si hace un frío húmedo se puede cubrir con un abriguito a los perros de más edad y de pelo liso que viven en viviendas cálidas para protegerles de los resfriados y del reúma (v. p. 24).
- ¿Prevención contra los resfriados? Tras un paseo efectuado con frío húmedo se frota al perro en seco y se le pasa el secador (si se deja). Los perros se resfrían o cogen una cistitis lo mismo que nosotros.
- ¿Perro y carrera de fondo? Sólo los perros bien entrenados (en verano, al lado de la bicicleta) y de patas largas pueden correr por las pistas establecidas. ¡Atención a los demás fondistas!
- Cuidado con las patas. Antes del paseo por la nieve, dar aceite o crema a las patas, y después del mismo bañarlas en agua caliente o en una solución de manzanilla. Así también se combate la sal del deshielo.
- Comer nieve. Aunque les gusta hacerlo, no es bueno para los perros. Da lugar a diarreas y, tomada en grandes cantidades, la

nieve puede provocar en el estómago vacío una inflamación de la mucosa gástrica (gastritis de la nieve), con contracciones y vómitos.

Normas para los días de calor

- El agua fresca no debe faltar en ningún momento del año. Ahora bien, en verano el agua del bebedero ha de estar constantemente controlada y debe renovarse con frecuencia.
- Comida: no debe precuparnos el hecho de que el perro coma menos que en otras épocas. También nosotros tenemos menos apetito con el calor.
- Sombras: procure que en el jardín disponga de un lugar sombreado. Los perros suelen estar muy a gusto tumbados al sol, pero terminan refugiándose en la sombra fresca.
- Paseos: deberán efectuarse a primeras horas de la mañana o a últimas horas de la tarde/noche. Un paseo a pleno sol no es conveniente ni para el perro ni para su dueño.
- Coche: cuando haya que dejar el perro en el coche, procure aparcar a la sombra y que dentro del coche circule aire fresco (v. p. 23). En el interior del coche la temperatura puede alcanzar niveles insoportables. En tal caso, el perro puede sufrir una insolación.
- Baño: la mayoría de los perros disfruta bañándose en los arroyos o en los lagos. Es preciso secarlos después, procurando no molestar al resto de los bañistas.

Perros y niños

Aunque muchos perros son por su propio carácter amigos de los niños y los tratan con cuidado, hay perros no apropiados para vivir con niños. También en este caso intervienen más el individuo y su modo de ser que la raza. Dos ejemplos:

Ejemplo 1. Un Pastor Alemán tiene un fuerte instinto de protección y está muy dispuesto a aprender y a someterse a su dueño. Éstas son dos excelentes condiciones de un perro para niños. Sin embargo, entre los pastores alema-

Los perros con pelo tupido, como el Cairn Terrier, deberían contar en los días claros y soleados con la posibilidad de refugiarse en la sombra.

nes hay caracteres fuertes que, por tanto, necesitan de un dueño también enérgico. Incorporado a una familia con niños que vive en un piso urbano reducido, un perro de estas características constituye, en mi opinión, un verdadero peligro para los niños.

Ejemplo 2. Por su modo de ser, un Chow-Chow, que en ocasiones puede ser testarudo, poco amigo de establecer contactos y muy tranquilo, no se caracteriza en un principio por ser un perro para niños. Pero si el Chow-Chow y el niño crecen juntos, puede surgir entre ellos una amistad inquebrantable que difícilmente se desarrollará con otra raza. En efecto, el Chow-Chow se une preferentemente a una persona, a la que siempre es fiel.

Las condiciones de la vivienda desempeñan una función muy importante en el momento de elegir un perro para niños. Un perro que resulta idóneo en una casa con jardín puede ser un mal perro en un piso. Un perro apropiado para niños fuertes puede no serlo para niños delicados. Lo mejor es que el niño y el perro crezcan juntos, pues entonces vienen a ser como hermanos.

Características de un perro para niños

- No debe ser nervioso ni miedoso.
- Tiene que ser muy manso.
- No debe ser sensible al ruido.
- Tiene que ser activo y no dejar de jugar.

Un perro para niños deberá tener un alto nivel de tolerancia.

Creciendo juntos, el perro y el niño vienen a ser como hermanos.

- Tiene que ser capaz de soportar empujones sin adoptar inmediatamente una actitud de defensa (los especialistas hablan de "umbral alto de irritación").

Los perros de grandes razas poseen la mayor parte de estas cualidades. Los perros grandes suelen ser tranquilos, rara vez muerden por miedo, son pacíficos por naturaleza, casi nunca se ponen nerviosos, son buenos protectores y conocen su fuerza.

Esto no significa que se pueda dejar despreocupadamente al niño, y que se lance hacia cualquier perro grande desconocido. Son muchos, por ejemplo los San Bernardo que no toleran a los niños. Por otra parte, un niño no acostumbrado a los perros puede asustarse y provocar en el perro una reacción de ansiedad o de agresividad. Los perros grandes tienen el inconveniente de necesitar mucho espacio y un jardín, de no adaptarse a las grandes ciudades y de ser tan fuertes que, en determinadas circunstancias, un niño no puede sujetarlos.

El perro como factor pedagógico

Los psicólogos, los pedagogos, los pediatras y los psicagogos (profesionales dedicados a educar y ayudar a enfermos psíquicos) coinciden en señalar el valor pedagógico del perro, y cada vez aportan más datos acerca de la importancia que tiene un perro en el desarrollo de un niño.

Niño y perro: práctica pedagógica recíproca. Ambos aprenden el uno del otro, jugando con altas dosis de intuición. Un perro es un auxiliar educativo para desarrollar el sentido de la responsabilidad, la conciencia del deber, el respeto, la actitud tutelar, el amor al orden y la exactitud.

Más todavía. Es un maestro del comportamiento social. A primera vista esto puede sonar a exageración, pero no deja de ser cierto. El profesor Dr. Reinhold Bergler, ex-director del Instituto de Psicología de la Universidad de Bonn (Alemania), en los casos de niños con problemas educativos y terapéuticos, prescribía la "medicina perro", que científicamente se formula en los siguientes términos: "El perro es una ayuda pedagógica para conseguir que se actúe con sentido de la responsabilidad, para adquirir competencia y habilidades sociales, para vivir experiencias centrales de la existencia humana: intimidad, afecto, sexualidad, nacimiento y muerte". Por su parte el profesor W. Piotrowski, ex-director del departamento de Neurología del Hospital Clínico de Mannheim (Alemania), afirma que "el perro desempeña la función de formar el carácter y la actitud del niño".

En realidad lo que sucede es que un niño quiere para sí un perro, un ser vivo dotado de una asombrosa capacidad de comunicación y con una necesidad natural de ser un acompañante fiel. Ahora bien, de estas cualidades el niño no sabe nada. Para él el perro es un objeto de su necesidad de cariño, un juguete vivo, una persona de referencia que siempre está a su lado. Los padres incorporan a la familia un perro para proteger al niño, para que juegue con él, para que le evite el aburrimiento o para que lo acompañe en su calidad de hijo único. Al establecer la relación niño-perro, los padres desempeñan la función capital, decisiva para el buen funcionamiento de la misma, que influirá en la vida del niño hasta la madurez.

La amistad con un perro elimina los problemas de comunicación con otros niños que pueden plantear los hijos únicos o los niños muy introvertidos. Sujetando un perro con la correa la autoestima se eleva y se entabla un contacto sin necesidad de esforzarse. El niño que habla con su perro no se quedará mudo en presencia de otros niños (o de adultos). Un perro casi llega a suplir la falta de un hermano, y desde luego suple siempre a los compañeros de juegos que, por otra parte, son más fáciles de encontrar a través de un perro.

Cómo aprendió a andar el pequeño Teo

Teo tenía una parálisis espasmódica y se negaba tenazmente a utilizar sus piernas, pues sus frecuentes caídas le ocasionaban heridas. Cuando su padre le compró un cachorro, se olvidó del miedo y de las precauciones y se puso a seguir al perro de una habitación a otra tropezándose, cayendo, arrastrándose y en ocasiones incluso andando erguido. Era casi un milagro. Teo adquirió confianza en sí mismo y dejó de exigir a sus padres muestras permanentes de cariño, pues estaba orgulloso de tener que ocuparse del perrito. Además empezó a comunicarse mejor con sus hermanos, pues todos ellos compartían un tema de conversación de interés común: el perro. Un niño y un perro son dos, lo cual da fortaleza y crea autonomía, independientemente de la salud o de la enfermedad.

El perro como terapia para los niños discapacitados

Lo que puede no ser especialmente útil para un niño normal puede ser una terapia necesaria para un niño discapacitado. Los datos obtenidos en Inglaterra y EE UU sobre este tipo de experiencias son muy positivos. A través del contacto físico se establece en los disminuidos psíquicos un contacto psíquico y espiritual, a partir del cual se logra desarrollar una participación en el entorno que se creía imposible. A los niños con discapacidades físicas el perro les da una mayor confianza en sí mismos y alivia su carga emocional. El perro es un compañero de juegos que no se molesta por una minusvalía. Siempre está contento y transmite la alegría de vivir. Además, facilita contactos con otros niños que sin él serían más difíciles de establecer.

Los perros de cualquier raza y los bastardos se encuentran cómodos en la ciudad siempre que se resuelva su necesidad de salir y de establecer contacto con otros perros.

El perro en la gran ciudad

Los enemigos de los perros, partidarios de prohibirlos en las grandes ciudades, se apoyan en dos argumentos:

- No debería obligarse a los pobres perros a vivir en una gran ciudad.
- Los perros y sus excrementos constituyen un grave peligro para la salud.

Son dos argumentos de escasa consistencia y exagerados en la mayor parte de los casos.

Según las encuestas de los veterinarios, los perros de las grandes ciudades no están más enfermos que los de las ciudades pequeñas o los del campo. Es cierto que, dadas sus limitaciones para los paseos, la gran ciudad no es un paraíso para los perros, pero tampoco lo es para el hombre. A lo largo de su historia el perro ha dado muestras de ser un animal con una gran capacidad de adaptación y también se ha habituado a la vida urbana, sobre todo si vive con gente que realmente lo quiere.

El problema de los excrementos caninos: según algunos, los excrementos caninos hacen insoportable la vida en la gran ciudad. Para

ellos el principal factor de perturbación no son ni las riadas de coches, ni las nubes de gas de los escapes, ni las ingentes masas de desechos de papel o de plástico, sino los excrementos y la orina de los perros.
Ahora bien, ¿dónde deben hacer los perros sus necesidades? En las aceras de las calles, que no están destinadas a los coches, sino a los desperdicios y a la suciedad. Los parques públicos se han convertido en solarios; es realmente difícil encontrar un sitio en el que el perro pueda aliviarse de un modo discreto. Lo más adecuado es el césped o el suelo de tierra, pues los excrementos se desintegran con relativa rapidez.
De todos modos, queda excluida la arena de los parques infantiles. Independientemente de que reforzaría los argumentos de los enemigos del perro, el utilizarla con este fin sería una irresponsabilidad higiénica.
Frente al perplejo dueño de un perro está el individuo sin perro, que con frecuencia pisa los excrementos caninos. Sin embargo, los dos tienen que convivir y coexistir. Un perro puede ser la única compañía de un hombre y establece una relación con la naturaleza imprescindible para el hombre de la gran ciudad. Pensemos en los niños que, de no ser por él, no tendrían ninguna relación con la naturaleza, y en la gente que quiere vivir con un perro porque le gusta, porque necesita cariño y conversación, porque no quiere renunciar ni a las grandes caminatas del fin de semana ni al paseo diario. El conjunto de todas estas necesidades es mucho más importante que toda una serie de excrementos caninos. De ahí la necesidad de tener las ideas claras cuando se quiere contar con un perro.

El perro, la mejor medicina

Nuestro animal doméstico más fiel es también una especie de medicina. El tener un perro ayuda a conservar la salud corporal y espiritual. Muchos médicos recomiendan un perro como terapia permanente para combatir la inmovilidad y las enfermedades a que la misma da lugar. El andar contribuye a elevar las esperanzas de vida. Un dueño de un perro tiene que salir a pasear de un modo sistemático.
Los médicos y los psicólogos están asimismo de acuerdo en que el perro es el mejor remedio contra el estrés provocado por la vida profesional de todos los días. Los perros son importantes creadores de contactos para los individuos estresados (no enfermos todavía) que se encuentran en una situación difícil. El contacto con el perro resuelve los estados emocionales negativos. Las caricias del perro alivian los estados de ansiedad, y se ha demostrado que su contacto físico reduce la presión arterial.
Todavía es más importante lo que el perro representa para quien se retira de su actividad profesional. No sólo crea en el jubilado la sen-

En pleno tráfico urbano, el perro deberá estar siempre atado a la correa para no correr riesgos ni poner en peligro a los demás.

Los perros estimulan el contacto interpersonal y contribuyen a que nos movamos con cierta regularidad.

sación de seguir siendo útil, sino que lo requiere cada día y le proporciona contactos, lo cual no deja de tener una importancia especial en una época de aislamiento y de jubilaciones tempranas como la nuestra.

El perro como terapeuta

Los paseos regulares pueden efectuarse también durante el proceso de rehabilitación iniciado tras una enfermedad larga y difícil. La profesora norteamericana Erika Friedmann realizó una encuesta entre pacientes que habían sufrido un infarto y comprobó inequívocamente que los dueños de un animal doméstico presentaban unas posibilidades de supervivencia cuatro veces superiores a las de los pacientes que no lo tenían. Llegó a la conclusión de que, además de alargar la vida como consecuencia de la actividad física que promueve, un perro ejerce una función psicológica directa -como acompañante y como objeto de atenciones-.

El perro junto a la cama del enfermo: el optimismo a que da lugar el contacto permanente con el perro propio es una experiencia positiva obtenida en las clínicas geriátricas norteamericanas y australianas, cuando se levantó la prohibición generalizada de tener un perro. En Alemania el profesor Wolfgang Piotrowski

se ha pronunciado a favor de esta terapia. Cree que la convivencia entre perro y paciente produce un efecto sedante, sobre todo en las secciones de terapia radiológica o en las clínicas de tratamiento de los enfermos de cáncer.
Asimismo un perro puede contribuir al bienestar psíquico mejorando sensiblemente la calidad de vida de una persona.
Es capaz de satisfacer necesidades capitales desde el punto de vista psicológico: la superación de la soledad y del aburrimiento, el esta-

Muy importante para las personas mayores: el perro les crea el sentimiento de ser útiles y de este modo contribuyen a la mejora de su salud psíquica.

Tanto si se trata de un cachorro (izquierda) como de un perro adulto (superior), en los casos de hijos únicos los perros llegan a suplir la falta de hermanos.

blecimiento de contactos sociales o la experiencia del reconocimiento y de la comprensión. Contribuye a que su dueño se valore positivamente, a que se autoafirme y a que tenga confianza en sí mismo.
En opinión de la mayoría de los psicoterapeutas el perro es el compañero ideal de quienes presentan determinadas alteraciones emocionales. El Dr. Marcel Heimann, del Mount Sinai Hospital de Nueva York, escribe: "Para un depresivo un perro es muchas veces el ancla que le salva de hundirse definitivamente en la enfermedad. Atendiendo a su perro el egocéntrico aprende a dejar de lado sus propias apetencias para cuidar a otros seres vivos. Además el perro representa una válvula de escape para los sentimientos amorosos desbordados de quienes, por cualquier motivo, no son capaces de canalizarlos hacia otra persona".

El perro y la prolongación de la vida

Las personas mayores no disponen de mejor receta para mantenerse sanos que convivir con un perro. Para un hombre solitario y de edad avanzada el perro es un interlocutor y la última "pared" que lo separa de la resignación y del abandono. Además de prestar compañía, un perro necesita cuidados regulares y estimula a su dueño desde el momento en que debe salir a pasearle todos los días, lo cual implica moverse.

Vacaciones con el perro

Los dueños de perros se resisten a pasar sin él "la mejor época del año". Los mejores países para viajar en vacaciones con perro son Alemania, Austria, Francia e Italia. Como volar con un perro crea graves inconvenientes, la mayor parte de los dueños de perros utilizan el coche para sus vacaciones. A la hora de elegir un lugar es muy importante que en el mismo haya un veterinario.

Si no se dispone de un buen alojamiento para el perro ni se cuenta con amigos y familiares que se hagan cargo de él temporalmente, lo que no se puede hacer es dejarlo solo. Simplemente no comprenderá que su dueño va a estar fuera sólo 2 semanas, que en cualquier caso le parecerán eternas. No obstante, no soy partidario de llevar al perro al trópico ni de emprender con él un viaje de fatigosas aventuras. Si no hay más remedio que dejarlo en una residencia canina, y estoy seguro de que en este caso no se actuará a la ligera, hay que pedir información a gente con experiencia acreditada, pues las residencias caninas buenas no abundan.

Trámites previos

Para viajar más allá de las fronteras nacionales se requiere el carné internacional de vacunación (v. p. 60). Como las condiciones de entrada establecidas por los diversos países cambian con frecuencia, es preciso informarse previamente en los consulados correspondientes. Un dueño responsable habrá puesto a su perro la mayor parte de las vacunas exigidas (v. p. 60). Para determinados países se necesita además un certificado del veterinario. Durante mucho tiempo, Inglaterra, Noruega y Suecia fueron tabú para los viajes con perro, pero han dejado de serlo siempre que se cumplan determinados requisitos (certificado de sanidad expedido por un veterinario, vacunas, marcación del perro con un microchip, análisis de sangre, tratamiento antiparasitario y declaración de propiedad), que deben prepararse con varios meses de antelación.

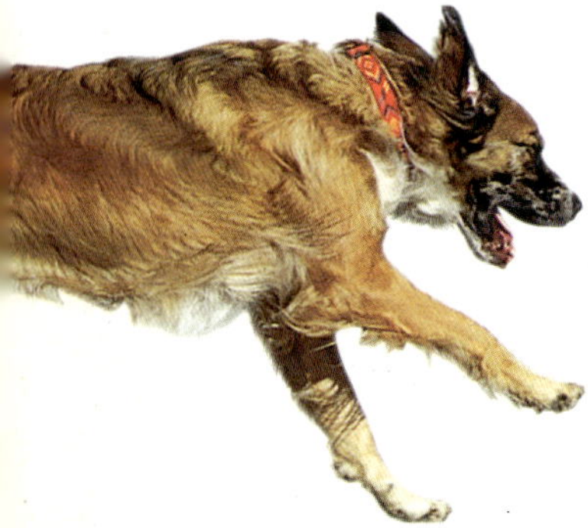

Como pueden producirse constantemente cambios, al planear las vacaciones es preciso informarse en las correspondientes embajadas. Para alojarse en un hotel, en un hostal o en un cámping, habrá que preguntar primero si los mismos admiten perros y deberá obtenerse una confirmación escrita de la reserva con perro.

Antes de viajar con el perro en tren, es preciso familiarizarlo con un entorno desconocido.

La maleta del perro

También hay que hacer la maleta del perro, y ésta incluye:

- el bebedero y el comedero a los que está acostumbrado;
- su manta y 1 ó 2 toallitas destinadas exclusivamente para él;
- un bidón de agua para el viaje;
- un botiquín con remedios para combatir las molestias del viaje y la diarrea. También talco, colirio y productos contra las pulgas;
- un colgante para el collar en el que consten el domicilio de origen y el de vacaciones.

El perro en los trenes y en los aviones

Antes de viajar por ferrocarril es preciso informarse acerca de las posibilidades existentes de llevarse el perro, pues las mismas varían según se trate de ejemplares grandes o pequeños. Normalmente deben viajar en una jaula, en el compartimento de las maletas.

En el avión puede viajar en el espacio del pasaje siempre que pese menos de 5 kilos y no vuele ningún otro perro. En muchos países el perro pequeño viaja gratuitamente como "equipaje de mano". Los perros de más de 5 kilos de peso viajan en el espacio de carga en una casita de viaje. El dueño verá si está dispuesto a que su perro viaje en estas condiciones. En cualquier caso, deberá habituarlo previamente a este receptáculo de viaje o suministrarle los comprimidos para dormir que el veterinario le haya recetado para el vuelo.

Antes de emprender el viaje, es preciso informarse en la compañía aérea o en la oficina de viajes sobre las disposiciones vigentes en ese momento.

En el transbordador con el perro

Para viajar en un transbordador con el perro es preciso atenerse a las normas establecidas. La oficina de viajes facilitará las informaciones correspondientes. Tratándose de travesías largas, el perro podrá estar en cubierta (siempre atado) o quedarse en el camarote. En travesías cortas suele quedarse en el coche o permanecer en una jaula. Generalmente los perros no se marean.

Con el perro en el lugar de vacaciones

Como el hombre, también el perro debe adaptarse al nuevo entorno. En los días de temperaturas altas, no debe someterse a grandes esfuerzos a un perro no habituado a los grandes calores.

No debe permitirse que un perro explore por su cuenta el entorno, pues podría suceder que no encuentre el camino de vuelta. Averigüe si hay perros locales sueltos. Tenga en cuenta que hay otros veraneantes; aunque en general se tolera su presencia en la playa, debe evitarse que el perro importune a los bañistas.

Para un animal corredor como es el perro, las vacaciones en la montaña son las ideales; puede moverse en ella y además dispone del clima adecuado.

Vacaciones en coche con el perro

El coche desempeña una función importante, más o menos capital, en la vida de un perro doméstico.

Las cajas de transporte constituyen para los perros un lugar seguro en los espacios de carga.

El mejor lugar en el coche

Un perro grande tiene que ir en una jaula, siempre sujeto, en la superficie de carga. O bien irá sentado o tumbado en el asiento posterior sobre su propia manta, que estará fijada sin posibilidad de deslizamiento. El perro habituado desde que era cachorro a un puesto fijo en el coche lo ocupará directamente.

Lugares totalmente contraindicados:

➤ en las rodillas del conductor;

➤ entre la puerta y el conductor con la cabeza fuera de la ventanilla;

➤ en el espacio existente delante del cristal trasero, pues en caso de accidente hasta un Téckel recibe el impacto mortal de todos los ocupantes;

➤ en el maletero de un coche normal, pues el perro no ve nada ni recibe aire suficiente.

La seguridad en el coche

Cuanto mayores sean las superficies acristaladas de un coche, tanto mayor será la temperatura interior alcanzada durante los viajes en verano. Si no se dispone de un climatizador, las ventanillas deberán ir abiertas, lo cual, viajando con un perro, no deja de resultar peligroso. El perro suele asomar su cabeza al exterior y el viento fresco le puede producir conjuntivitis. El perro que de pronto salta por la ventana es un peligro para el tráfico.

Las rejillas de aireación (v. fotografía p. 23) de plástico consistente, que plegadas caben en la guantera, lo impiden. Se sujetan en la ventanilla semiabierta y permiten el paso del aire fresco durante el estacionamiento sin que una tercera persona pueda introducirse en el coche.

Cinturón de seguridad para el coche. Las normas de circulación indican que los perros deben viajar de manera que les sea imposible acceder a la parte delantera del vehículo. De este modo, tanto ellos como las personas corren menos peligro en los accidentes. En un accidente acaecido a una velocidad de 50 km/h el perro no tiene prácticamente ninguna posibilidad de supervivencia, pero con un cinturón sufrirá una fractura o una contusión.
Los modelos existentes en el mercado constan de una correa para el respaldo, de una correa de sujeción y de un peto. No están vinculados a ningún tipo, se adaptan a todos los coches y son de fácil manejo. Existen de diversos tamaños, desde el correspondiente a un Yorkshire Terrier hasta un San Bernardo. Los perros conservan su libertad de movimientos y, con el cinturón puesto, pueden ir sentados o tumbados.

La red de separación colocada detrás de los asientos delanteros impide que el perro salte hacia delante desde los asientos posteriores.

La rejilla de acero, firmemente atornillada o bien sujeta, separa en una furgoneta el “compartimento del perro”.

Si viajan en el asiento trasero, los perros deben llevar el cinturón de seguridad puesto.

La manta de seguridad para el coche (v. p. 22) impide con su forma de bañera que:

- el perro salte hacia delante;
- se deslice entre los asientos en los frenazos;
- se manche la tapicería del coche.

Es la mejor solución.

En trayectos largos

Independientemente de los kilómetros que se hagan al día, el perro debe "aliviarse" 4 veces y andar un poco, lo cual es también muy importante para los viajeros.

Indiscutiblemente, el perro debe bajar del coche y subir a él por el lado opuesto al de la calzada. Además, primero sube el perro y después se suben el equipaje y los pasajeros; al bajar se procede exactamente a la inversa, primero los pasajeros y después el perro.

En los paseos cortos que se efectúen durante el trayecto el perro debe ir siempre sujeto con la correa, pues puede provocar un accidente. Por otra parte, si se encuentra en un lugar que desconoce y, si siguiendo un rastro intenso se separa de su dueño, puede llegar a perderse o, como mínimo, perderá mucho tiempo buscándolo.

Descansos: en las paradas efectuadas en los aparcamientos de la autopista habrá que llevar al perro lo más lejos posible para que sus excrementos no importunen a los otros viajeros. Lo mismo cabe decir de los alrededores de las áreas de servicio, en las que están en vigor las mismas normas que en los restaurantes. El perro sólo podrá entrar:

- cuando esté autorizada su presencia con carácter general;
- cuando esté educado de forma que no moleste a nadie y sea capaz de permanecer invisible e inaudible, tumbado bajo la mesa o la silla;
- cuando esté atado;
- cuando no se le permita comer del plato destinado a los comensales. Si le gustan los perros, el servicio pondrá a disposición del perro un cuenco con agua o, si fuera necesario, llenará de agua el bebedero traído por el conductor.

En los trayectos largos por autopista el perro debe disfrutar de la posibilidad de moverse.

En las tiendas especializadas hay depósitos muy prácticos para el agua potable.

En caso de avería debe procurarse que el perro no se aleje del coche. O bien permanecerá dentro del coche o bien dará un paseo de la mano de uno de los pasajeros. El conductor que ate su perro con la correa a un árbol, a un poste o a un banco, que no se olvide de recogerlo después.

El perro puede ponerse nervioso en una autopista rápida y larga por las causas siguientes:

- el sonido permanente de los neumáticos a alta velocidad escapa al oído humano, pero molesta al perro. Cambiando de velocidad se modifica la frecuencia y el perro puede llegar a tranquilizarse;
- el perro tiene que hacer sus necesidades;
- también el modo de conducir (frenazos, aceleración brusca y trazado veloz de las curvas) influye en el comportamiento del perro durante el viaje de vacaciones;
- el perro debe saber que su dueño dejará de hacer lo que está haciendo cuando él se ponga nervioso.

Aseo y alimentación

Como sucede con el hombre, también el aseo esmerado y la alimentación equilibrada influyen positivamente en la salud del perro. Procure que en este capítulo las cosas funcionen bien.

El aseo del perro

No voy a dar indicaciones especiales para **el aseo del pelo**. Si la raza las exigiera, el criador las facilitará y el dueño deberá tomar buena nota. He aquí algunas normas básicas sobre el particular.

1. Un perro disfruta con el cepillado diario cuando éste se realiza con cariño y con un cepillo fuerte que no rasque: para él es una forma de caricia. Según sea el pelo, habrá que invertir en esta operación entre 15 y 30 minutos al día. Así se eliminan los pelos muertos. El cepillado debe realizarse ya en el cachorro para que termine convirtiéndose en un ritual habitual.

2. A los perros de pelo largo primero hay que peinarlos. Haciéndolo regularmente, se evita el enmarañamiento del pelo. Cuando el pelo está enredado, a veces sólo sirven las tijeras. No hay por qué llegar tan lejos. Tras el cepillado, elimine los restos de polvo con una gamuza húmeda.

3. Durante la muda, trabaje el pelo con la mano, concretamente a contrapelo. Así salen a la superficie y podrán cepillarse con facilidad los pelos muertos del subpelo. Lo mismo debe hacerse con las patas y la cabeza. Los pelos muertos producen en el perro una terrible comezón.

4. También los perros de pelo corto pierden su pelo y necesitan el aseo diario.

Baños: ¿cómo y cuándo? Hace ya mucho tiempo que está en desuso la norma de no bañar nunca a un perro en su primer año y sólo excepcionalmente después. Los champús no alcalinos para perros permiten su baño. Para bañar a un cachorro hay que esperar a su vacunación preventiva y a que tenga al menos 12 semanas; los perros adultos pueden ser sometidos a un baño cada 3 meses o cuando se hayan revolcado en la suciedad. A las perras hay que bañarlas tras el celo. Hasta los champús menos agresivos eliminan cierta cantidad de grasa, que es justamente lo que protege la piel del perro contra el frío, la lluvia y otras influencias atmosféricas.

La temperatura del agua de baño debe ser de 34 °C. Procure que no entre agua en las orejas del perro ni espuma en sus ojos.

Son pocos los perros que se dejan bañar a gusto, aunque salten en los ríos o en los estanques.

Para acostumbrar al perro al cepillo de dientes, al principio se utiliza mantequilla en vez de pasta dentífrica.

Los perros de pelo largo y subpelo tupido, como el Wolfspitz o el Chow-Chow, adquieren tras el baño un intenso "olor a perro". Para neutralizarlo, lo mejor es el peinado y cepillado diarios, aunque procurando no masajear con fuerza ni la piel ni, por tanto, las glándulas sebáceas. Deben lavarse con frecuencia las partes del pelo manchadas de orina.

Es muy importante secar bien al perro tras el baño. Hágale una fricción suave, pues le gusta. Evite las corrientes de aire y déjele correr una vez seco.

El aseo de los ojos y de las orejas

Los ojos se limpian cuidadosamente por la mañana con un pañuelo de papel cada vez que se observa la presencia de secreciones en sus ángulos. Esto sucede todos los días en las razas con párpados inferiores caídos, como el Basset o el San Bernardo. Es más difícil retirar las costras; pueden aparecer calvas o irritaciones; utilice en este caso paños limpios humedecidos. Tratándose de irritaciones, enrojecimiento intenso, lagrimeo, fotofobia o pestañeo persistente se impone la consulta al veterinario.

Las orejas (sobre todo si son caídas): se empieza limpiando con un paño humedecido la suciedad de la calle y los restos de comida que tengan y, si son de un perro de pelo largo, después se peinan. Debe examinarse con regularidad el interior de los oídos una vez por semana cuando se trata de perros de orejas caídas o plegadas, sobre todo si además son muy peludas. En este caso, se levantan y se limpia con cuidado el conducto auditivo, utilizando un paño suave impregnado de un producto específico para la limpieza del oído facilitado por una tienda especializada o por el veterinario (v. p. 63). En la práctica para el aseo pueden utilizarse también las toallitas aceitadas para bebés de papel suave. Al limpiar el oído no existe prácticamente el peligro de dañar el tímpano, pues el conducto auditivo forma un ángulo recto.

El enrojecimiento que aparece en el conducto auditivo antes de limpiarlo indica que se debe acudir al veterinario. Sería aconsejable que fuera él quien efectuara la primera inspección del oído para tomar nota puntual del modo de hacerla.

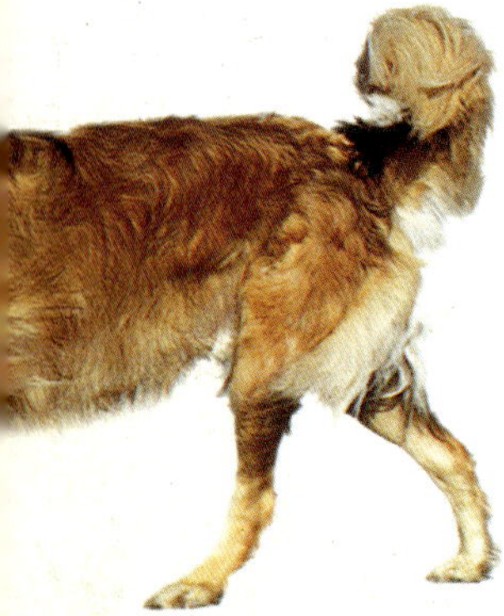

Control regular de la dentadura

Los dientes del perro son más resistentes que los del hombre. Prácticamente no tienen caries, pero el sarro dentario es tanto más frecuente cuanto más pequeños son los perros y más descuidados estén desde el punto de vista de la higiene bucal. La higiene bucal canina significa:

- acostumbrar al perro a que se deje limpiar los dientes con agua y un paño;
- limpiar los dientes con un cepillo suave y con una pasta dentífrica específica para perros (en tiendas especializadas y en el veterinario).

Si el perro se resiste a dejarse limpiar los dientes, deben proporcionarle periódicamente huesos masticatorios de higiene dental para que los coma; de este modo se consigue una limpieza mecánica de la dentadura.
Debe acudir al veterinario a su debido tiempo; eliminará el sarro sin causar dolor. Cuando hay mucho, el sarro puede provocar odontalgias y gingivitis. Si el perro tiene un aliento fétido y pestilente es que las bacterias de la putrefacción se han extendido tanto que muchas veces es preciso arrancar los dientes con anestesia.

Aseo de las uñas y de los pulpejos

Las uñas únicamente deben cortarse cuando el perro no las gasta en el pavimento. Generalmente se trata de los espolones, que no se desgastan porque están demasiado altos. Cuando se desarrollan en forma de gancho, existe el peligro de incrustarse en los pulpejos o de enredarse en el collar; el perro entonces puede sufrir un ataque de pánico y herirse.
Las uñas "viven", es decir, están recorridas por arterias y nervios, sólo que su extremo está muerto. De ahí que a la hora de cortarlas haya que procurar no dañar las partes vascularizadas. En caso de duda, es preferible acudir al veterinario para que las corte.
El aseo de los pulpejos es muy importante. En ellos se apoya el perro para moverse durante todo el día, por lo que son muy utilizados. Cuando hace mal tiempo o nieva hay que lavarlos con agua y secarlos todos los días. Controle si se les ha pegado chicle o si llevan entre ellos piedrecitas, astillas o algún cuerpo extraño.

Si el perro ha chapoteado alegremente en algo que despide un olor sospechoso, lo mejor es darle un baño. Tras el champú, hay que lavar a fondo el pelo.

Aseo del trasero

Para el aseo del trasero se utiliza un paño humedecido. Este aseo es muy importante en los perros de pelo largo, para evitar los restos de excrementos.

Cuando el perro "va en trineo", es decir, cuando se desliza sobre el suelo sobre su parte trasera, lo cual tiene poco que ver con un trasero sucio o con un comportamiento de marcación, las glándulas anales se colman y se obstruyen. Se trata de algo que no sólo es molesto para el perro, sino que representa un handicap social en sus relaciones con otros perros (v. p. 81).

Es el veterinario quien habrá de resolver la obstrucción de las glándulas anales y tratar su posible inflamación. No obstante, el "ir en trineo" puede deberse a una invasión de lombrices que produce picor en la región anal. Entonces se debe tratar al perro con vermífugos.

Parásitos y garrapatas

Cuando el perro se rasca, hay que ver si tiene parásitos en su piel. Pueden ser pulgas, garrapatas o malófagos (piojos), estos últimos difíciles de reconocer. Se alimentan de las partes integrantes de la piel, depositan sus huevos en el pelo o chupan y absorben la sangre. El diagnóstico de los parásitos corresponde al veterinario, quien señalará el tratamiento correspondiente. No obstante, hay preparados muy eficaces que, aplicados de un modo regular, mantienen al perro sin parásitos. Son preparados *spot-on* que se aplican sobre la piel en dos puntos del cuerpo. Los principios activos se absorben a través de la piel y se distribuyen por todo el cuerpo, de forma que en su próximo intento de succión los parásitos caen muertos sobre la piel. Son productos inofensivos tanto para el hombre como para el perro, pues el principio activo permanece en la piel y desaparece aproximadamente a las 4 semanas.

Bien cuidado, el pelo largo es además brillante.

Si el perro se rasca con frecuencia o se revuelca, es posible que el prurito se deba a la presencia de parásitos en la piel.

La alimentación del perro

No todo lo que sabe bien es sano. En cuestiones de alimentación el perro no puede quedar a merced de su instinto. Al vivir con él, su dueño es responsable de su alimentación. Hay que saber alimentar adecuadamente al perro. En efecto, el perro de una familia corre actualmente los mismos riesgos que los integrantes de la misma; uno de cada tres perros está excesivamente gordo, lo cual es un grave error.

El perro, tanto si es un Téckel como si un Cócker Spaniel o un Dogo, procede del lobo, el cual no se alimentaba únicamente con carne. Devoraba a sus presas -ratones, gallos o venados- con su piel, sus plumas y su pelo, con sus vísceras y con su sangre. De este modo cubrían sus necesidades de proteínas (con la carne de los músculos) y se hacían con la grasa que necesitaban, con hidratos de carbono (con el contenido de las vísceras) y con minerales (a través de la sangre de sus presas).

Tragaban rápidamente a sus presas en grandes trozos, que vomitaban en un lugar seguro para consumirlos tranquilamente, y enterraban los restos de las presas, que resultaban más digestibles a través de su maduración (proceso de putrefacción similar al del queso).

Un perro permite descubrir algunas cosas de su pasado de lobo.

➤ Desde el punto de vista anatómico, sigue siendo un carnívoro, como se desprende de su dentadura y de su conducto digestivo.
➤ También el perro traga, y muchas veces no es capaz de conocer los límites de su hambre.
➤ Asimismo vomita fácilmente lo que le sobra, sin que por ello haya que pensar necesariamente en una enfermedad.
➤ Entierra trozos de carne y huesos para comerlos con fruición tras haberlos desenterrado y cuando ya han empezado a pudrirse (la carne madurada en tierra no es tóxica, al revés de lo que sucede con la carne de bote descompuesta).
➤ El perro sustituye comiendo hierba los pelos y las plumas de las presas, con su efecto purgante sobre el intestino. La hierba actúa como las sustancias de lastre.

Hasta aquí llega la herencia del lobo en el perro.

Lo que el hombre da a su perro

A pesar de haberse adaptado a la alimentación humana, el perro doméstico necesita una alimentación específica, acorde con sus características. En este punto los dueños y criadores de perros defienden opiniones distintas que me permito clasificar en cuatro grupos:

1. Los cómodos, los tacaños y los conservadores. Alimentan a su perro con restos y piensan que puede subsistir con las sobras de sus comidas. Es el peor método y el menos sano, pues el perro no tolera ni las especias, ni la sal, ni el azúcar incluidos en las sobras.

2. Los dueños de perros para los que este animal es exclusivamente carnívoro. Le proporcionan grandes cantidades de vísceras y de carne deshuesada, dando lugar a que enferme lenta e implacablemente (heces escasas, cálculos renales y eccemas). En ocasiones lo alimentan con carne cruda, con el consiguiente .riesgo de infección.

El perro y la alimentación

¿Cómo se sabe que un perro está mal alimentado?

✔ El perro está excesivamente gordo. Las costillas son un buen indicio de un perro de peso normal; tienen que verse o poderse palpar.

La disgestión del perro permite extraer conclusiones sobre las deficiencias en la alimentación:

✔ Heces escasas, negras y fétidas: el perro ha comido demasiada carne.

✔ Heces de color entre claro y blanco y duras: excesiva ingesta de huesos.

✔ Gran cantidad de heces: alimentación de escaso valor nutritivo no aprovechada por el cuerpo.

✔ Heces ligeras y claras o diarrea: el perro ha tomado demasiada leche o una cantidad excesiva de vísceras.

✔ Ventosidades: el perro ha comido legumbres.

Nota: las heces de un perro bien alimentado presentan un buen aspecto, no son ni demasiado blandas ni demasiado duras y de color entre pardo y claro; la cantidad de las mismas depende del tamaño de la raza.

3. Las personas que compran ellas mismas los productos y cocinan específicamente para su perro. Consideran que su comida es "la mejor de todas las formas de alimentación posibles" (el que lo sea realmente depende de lo que se sepa acerca de la adecuada alimentación de un perro).

La Cócker Sama y el plato de caza

La dueña de Sama era partidaria acérrima de las comidas para perros preparadas en casa. Había crecido entre perros, que siempre eran alimentados con carne fresca y cruda. Los manuales que manejaba insistían en lo mismo, y cuando leyó que el valor nutritivo de la carne cocida equivalía sólo a 2/3 partes del de la cruda se acabó para ella toda discusión. Estaba en contra de la comida de lata; no la había preparado ella misma y, además -motivos emocionales- había servido para alimentar a perros de laboratorio. Sama estaba demasiado gorda y tenía eccemas, pero por lo demás estaba sana. Hasta que llegó el día en que comió un suculento plato de caza: abundante carne cruda con dos trozos de pasta hervidos y un poco de salsa de nata. Sama tuvo fiebre, diarrea y colapso circulatorio. Diagnóstico: salmonelosis. Tras una larga conversación con el veterinario -Sama logró salvarse-, su dueña sólo le da comida preparada y alimentos secos dos veces a la semana.

4. Los partidarios de las comidas preparadas. Son progresistas y lo tienen fácil; esta alimentación equilibrada, que contiene todo lo necesario para un perro, es la mejor, pero desgraciadamente no es apta para los estómagos delicados.

Una forma de comer adecuada

Para que no termine convirtiéndose en un tragón insaciable o en un inapetente difícil de contentar, es preciso inculcar en el perro "hábitos alimentarios adecuados" desde que es un cachorro. La predisposición desempeña también un papel muy importante. Hay razas que pueden ser realmente glotonas, como el Cócker Spaniel y el Téckel, y las hay que propenden a la inapetencia, como el Setter o el Caniche Enano. Los perros castrados tienden a la glotonería, por lo que debe reducirles el suministro de calorías o someterles a una dieta. Es muy importante:

- servir sistemáticamente la comida a las mismas horas y en el mismo lugar, con lo que se consigue que hasta el omnívoro por naturaleza se mantenga en su peso normal y adecuado;
- inducir a comer a los perros inapetentes -siempre que no exista ningún tipo de enfermedad- suministrándoles vitamina B (levadura de cerveza en forma de polvo) o incorporando una pequeña cantidad de comida para gatos a su comida habitual.

Algunos perros no se ponen a comer hasta que su dueña no les proporciona directamente los primeros bocados. Éste no deja de ser un fallo en la educación de los hábitos alimenticios, pero... ¿qué otra cosa puede hacer el solícito dueño de un perro en un caso así?

Comidas para perros preparadas en casa

Para alimentar al perro con productos de la cocina casera hay que prepararle una comida diariamente. La carne cortada en trozos grandes es la base de una buena comida para perros. Para eliminar las infecciones, la carne debe estar hervida. La carne mejor es la de corazón, tripa y músculos y, de vez en cuando, también cuellos o vísceras de gallina y pesca

Un perro alegre, juguetón y activo, es la mejor prueba de que está correctamente alimentado.

do. A todo ello se añaden, en proporciones adecuadas (por ejemplo, 1/3 carne y 2/3 de verdura y arroz), arroz hervido, pan integral, patatas cocidas y aplastadas, y copos de avena puestos a remojo.

Nota: el valor nutritivo de la carne cruda no es superior al de la hervida. La carne del tejido conjuntivo es incluso más digestiva cuando está hervida. La caza cruda es perjudicial para la salud, y la carne cruda de cerdo o de vaca puede llegar a ser mortal, pues puede transmitir la enfermedad de Aujeszky.

Quien apueste por la dieta biológica podrá utilizar como acompañamiento la avena, la cebada o el mijo. Los granos deberán aplastarse y cocerse durante 2 horas en el caldo de la cocción de la carne.

Complementos importantes: una cucharada de aceite de girasol o de cardo, un poco de manteca de cerdo, levadura de cerveza, requesón, queso y harina de hueso o un complejo de vitaminas y principios minerales preparado por el veterinario. Como el perro tiene dientes con los que muerde o mastica, hay que proporcionarle huesos de ternera o huesos masticatorios de búfalo. Al perro le gustan los cambios, por lo cual debe variarse la composición.

El cálculo de las cantidades adecuadas y de la composición correcta es más difícil que la preparación.

¿Qué es la comida preparada?

La comida preparada es un alimento completo. Se presenta en forma de:

- comida de lata de diferentes sabores que hay que complementar con verduras;
- comida seca, que se obtiene eliminando el agua y que está muy concentrada (30 g de comida seca equivalen a 100 g de comida de lata), aunque su composición es similar a la de lata.

Sin embargo, hay perros que no se acostumbran a la comida preparada, pero existen tantas variedades que siempre habrá alguna que sea de su agrado. Es el primer paso hacia una alimentación correcta que además es muy fácil, ya que:

- no hay que hervirla (está pasteurizada);
- no hay que cortarla, pesarla o calcularla;
- en 5 minutos, el perro dispone de la mejor comida que puede suministrársele.

Nota: la intensa sed del perro alimentado con comida seca no se debe a que ésta tenga mucha sal, sino a que carece de los líquidos que el perro ingiere con otro tipo de comida. Tiene que beber mucho para prevenir una afección renal.

Los perros no son unos tragones, sino que prefieren las dietas variadas.

Guía práctica

Una correcta alimentación

Comiendo demasiado se engorda, y comiendo mal se enferma. Estas leyes son válidas tanto para el perro como para el hombre. En la práctica esto significa que en la alimentación ideal del perro la proporción de las sustancias alimenticias básicas -pro-

La "siestecita" después de la comida no sólo es beneficiosa para el hombre.

teínas, lípidos e hidratos de carbono- debe ser la adecuada. Están además las vitaminas y los principios minerales, que son imprescindibles. En cuanto a la cantidad, la comida ha de calcularse de forma que el perro ni adelgace ni engorde excesivamente. Esto parece sencillo, pero no es fácil llevarlo a cabo cuando la comida del perro se prepara en casa. La bibliografía especializada actual ofrece información precisa acerca de las calorías que necesitan tanto los perros grandes como los pequeños.

La alimentación canina ideal incluye como mínimo un 30% de proteínas, un 5% de lípidos, hasta un 5% de fibra bruta (sustancia de lastre) y, como máximo, un 50% de hidratos de carbono. Además, un 2% de calcio y fósforo (en sustitución de los huesos de las presas). Todo esto está incluido en las comidas preparadas que pueden dosificarse con exactitud (*léanse* las indicaciones de las etiquetas).

El perro come excrementos: este comportamiento indica la existencia de una gastritis. La hiperacidez provoca la necesidad natural de sustancias alcalinas neutralizadoras de los ácidos, e impulsa al perro hacia la carroña (la carne enterrada de su antepasado el lobo) o hacia los excrementos, en los que las proteínas ácidas se han transformado en amoníaco alcalino. La ingestión frecuente de hierba con sus correspondientes vómitos constituye otro intento de neutralizar la hiperacidez del estómago.

Dieta canina

Los especialistas en nutrición animal han elaborado para los perros enfermos una comida preparada, que sólo puede suministrarse por indicación del veterinario:

- dieta antialérgica para perros que no toleran una alimentación normal;
- dieta especial para perros enfermos crónicos del corazón ;
- dieta especial para las enfermedades del conducto gastrointestinal y también para las afecciones del hígado;
- dieta especial para las afecciones y los cálculos renales;
- dieta reconstituyente para perros convalecientes, para perras en celo o lactantes, y para cachorros antes y después de la vacunación;
- dieta adelgazante para perros con exceso de peso.

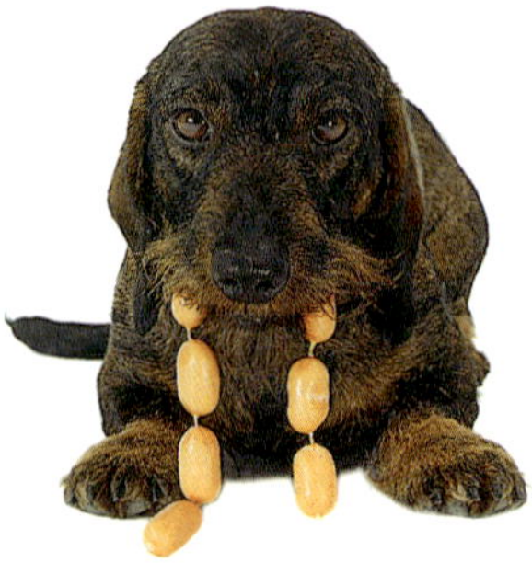

El Téckel tiende a engordar y, por tanto, no debe comer entre horas.

Normas para la mesa del perro

La alimentación correcta de un perro cuesta dinero; según sea el tamaño de la raza y las posibilidades de compra, puede costar entre 0,50 y 2,50 EUR al día. Independientemente de que la comida sea preparada o casera, las normas siguientes son válidas para todos los perros:

- El perro adulto recibe una comida, y a ser posible a la misma hora.

Para controlar si el cachorro come bastante, hay que pesarlo con regularidad.

- El mejor momento para la comida es el mediodía. Así, el perro podrá hacer sus necesidades sin tener que salir por la noche.
- La comida no puede estar ni demasiado caliente ni tampoco debe estar excesivamente fría; la temperatura ambiente es la adecuada.
- Si el perro no termina su ración, la siguiente se reduce en la cantidad que haya dejado. De todos modos, un perro sano puede comer hasta una mitad más de lo que realmente necesita.
- Los restos de la comida no deben quedar en el comedero, que estará siempre limpio y vacío.
- El bebedero estará siempre lleno. El perro ha de poder beber siempre que quiera, y su única bebida deberá ser el agua fresca.
- No deberían nunca suministrarse al perro alimentos en forma de sopa, pues no le sacian ni son debidamente aprovechados por el cuerpo.
- El perro necesita descansar después de comer. El paseo dado antes de la comida le abre el apetito. Si es un perro grande, el jugar con el estómago lleno conlleva el peligro de una torsión gástrica (urgencia).

Normas especiales para los cachorros

Cuando el cachorro tiene entre 10 y 14 semanas, la alimentación correcta contribuye a que su esqueleto óseo se desarrolle de un modo fuerte y sano. La alimentación inadecuada puede dar lugar a enfermedades carenciales. Además el perro asimila "hábitos de comida" y aprende a no hacer zalamerías para obtener comida.

Los perros jóvenes necesitan más sustancias nutritivas que los adultos, pues el crecimiento y el aumento de peso suponen un gran consumo de energía. Trate, sobre todo, de suministrarles la suficiente cantidad de vitaminas, de sustancias minerales (con especial hincapié en el calcio y en el fósforo en las debidas proporciones) y de proteínas, muy valiosas. Todo esto se encuentra, en su combinación precisa, en las comidas preparadas especialmente para los cachorros (en tiendas especializadas). Así, el perro se acostumbrará desde pequeño a la comida preparada. Esta alimentación puede facilitársele durante su primer año de vida.

Un hueso de piel de búfalo desarrolla los músculos masticatorios del cachorro.

En la fase de crecimiento la necesidad de energía y de sustancias nutritivas de un cachorro -en relación con su peso- es el doble de la del perro adulto. Esto implica la necesidad de pesar regularmente al cachorro para estar seguro que está desarrollándose. Cuando pesa poco puede utilizarse una báscula para bebés. Para obtener el peso de un perro mayor, primero se pesa su dueño en una báscula y después se vuelve a pesar con el perro en sus brazos. La diferencia corresponde al peso del perro.

¿Cuántas veces y cómo dar de comer a un perro?

Edad	Número de comidas	Primera comida	Última comida
Mes 3	5	7 horas	19 horas
Meses 4-5	2	8 horas	18 horas
Meses 6-7	2	9 horas	17 horas
Meses 8-12	2	9 horas	15 horas
Cumplido 1 año	1	a las 13 o a las 18 horas (o dos comidas más ligeras durante el día)	

El perro enfermo

A pesar de cuidarlo adecuadamente y de tratarlo correctamente, el perro puede enfermar. Cuanto antes se advierta su enfermedad, mayores posibilidades habrá de curarlo. Es imprescindible adoptar las medidas preventivas.

¿Cómo se reconoce una enfermedad?

Un perro sano presenta un aspecto y un comportamiento absolutamente normales. Esto se advierte en su viveza natural, en su buen apetito, en el brillo de su pelo y en sus ojos claros. Observe atentamente al perro y multiplique las consultas al veterinario en vez de limitarlas. En las siguientes páginas apunto algunas sugerencias que permiten reconocer la posible existencia de alguna enfermedad en el perro y establecen el comportamiento adecuado. También un perro protegido puede sufrir lesiones, infectarse o comer algo inconveniente. Los siguientes síntomas son algunos indicios de enfermedad: **la diarrea** puede de-berse a una alimentación inapropiada o a que el perro haya comido nieve (v. p. 35). Es posible también que radique en una alteración del equilibrio de las bacterias intestinales. Es el veterinario quien debe comprobar este diagnóstico, al igual que la causa de la presencia de sangre en las heces. **Los vómitos** no siempre son un síntoma de enfermedad; forman parte del comportamiento del perro que come demasiado deprisa o en cantidades excesivas. Los vómitos frecuentes y repetidos indican que el perro ha ingerido cuerpos extraños y también que ha sufrido una intoxicación. Los vómitos acompañados de fiebre son un síntoma invariable de infección. Debe ser el veterinario quien determine sus causas.

La fiebre indica siempre inflamaciones o procesos infecciosos. Se impone la consulta al veterinario. En caso de fiebre los síntomas externos son falta de brillo en el pelo, nariz húmeda y caliente, ojos apagados, cansancio y calor corporal superior al normal (v. p. 62).

El hecho de **arrastrarse** sobre sus cuartos traseros ("ir en trineo") indica generalmente estreñimiento o saturación de las glándulas anales, presencia en el ano de un cuerpo extraño, un tallo de hierba por ejemplo, o un absceso incipiente (v. p. 50). El prurito puede deberse también a una invasión de lombrices. Consulte al veterinario.

La acción de **sacudirse la cabeza** obliga a pensar en un trozo de cerumen endurecido, en una otitis o en la presencia de un cuerpo extraño en el oído, por ejemplo una espiga. Con-sulte al veterinario. **La cojera** es síntoma de fracturas, de lesiones, de dislocaciones, de esguinces o de desgaste de las articulaciones. Otras causas: trastornos circulatorios, debilidad senil, cojera del Téckel, borreliosis. **Los estornudos y las toses** son otras tantas reacciones del perro a los cuerpos extraños presentes en la cavidad nasolaríngea y también a los gases de los escapes. Pueden ser asimismo síntomas de resfriados o de anginas. Si al mismo tiempo hay fiebre, cabe pensar en una infección, por ejemplo en el moquillo (v. p. 59).

Un aliento pestilente es síntoma de dientes cariados, de gingivitis, de alimentación inadecuada o de gastritis. Consulte al veterinario. La acción de rascarse o de morderse repetidamente indica una invasión de pulgas o un eccema. Pero debe acudir al veterinario cuando el perro se rasca o se muerde en puntos dolorosos.

El veterinario, médico de familia

Cuando el perro está enfermo, debe ponerse en manos de un veterinario, que cuanto mejor lo conozca, tanto mejor reconocerá sus alteraciones patológicas. De ahí la necesidad de no cambiar de veterinario cuando éste es de confianza y de convertirlo en una especie de "médico de familia".
Además de la medicina convencional, existen terapias alternativas, como la homeopatía, la acupuntura o la quinesiología animal, que pueden combinarse con ésta.

Traslado hasta la clínica veterinaria

A los perros no les gusta ir al veterinario, ni siquiera cuando no han tenido experiencias desagradables. La excitación de los demás perros y el olor a miedo y a medicamentos hacen que hasta los perros más valientes terminen angustiándose. De ahí la necesidad de llevar siempre al perro atado. Es preciso acostumbrarlos desde cachorros para evitarles futuros miedos.
Para transportar a un perro herido puede utilizar una caja de cartón grande y abierta y tapada con una manta; si el perro es pequeño, basta con un bolso o una cesta.

En general, la visita al veterinario no es el momento "culminante" de la vida de un perro. De ahí que haya que transportarlo de forma que no se salga de la bolsa.

Mientras el veterinario lo explora, el perro debería mantener la modélica actitud del ejemplar de la fotografía.

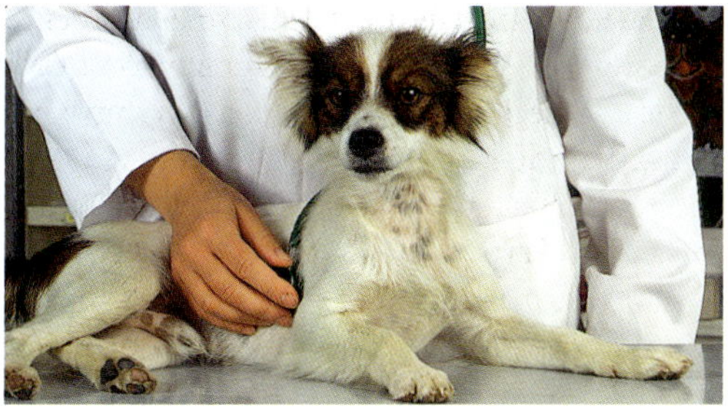

Un acompañante puede ser necesario cuando se acude a la clínica veterinaria en coche y se practica una operación. El acompañante conduce mientras el dueño del perro lo tranquiliza en el asiento posterior o incluso lo lleva en sus brazos.

Los taxis para animales, los coches de transporte de animales o el servicio de urgencia veterinarias se encargan en las grandes ciudades de trasladar al perro cuando no dispone de coche propio. Puede asimismo recurrirse al servicio veterinario de urgencia en caso de accidente.

La visita al veterinario

Cuando el perro está bien educado, el veterinario puede examinar fácilmente su boca y sus oídos, levantar sus patas, tenderlo en una mesa y tomarle la temperatura. El comportamiento adecuado en la consulta veterinaria forma parte de la educación del cachorro.

Prevención sanitaria: tratamiento vermífugo

Los perros nacen con ascárides, por lo que es preciso tratar con vermífugos a los cachorros. Las lombrices reducen la capacidad de resistencia a las enfermedades infecciosas. Posteriormente habrá que controlar las heces en relación con las lombrices, tanto si se trata de ascárides, de forma similar a la de los espaguetis, como si se trata de partes de tenia, que se parecen a granos de arroz (las tenias son poco frecuentes en los perros, pero deben combatirse sin pérdida de tiempo), y repetir el tratamiento vermífugo. Todo esto es muy importante sobre todo si el perro convive con niños.

Prevención sanitaria: vacunas

Desde que son cachorros, los perros están expuestos a distintas enfermedades infecciosas, contras las cuales sólo las vacunas regulares proporcionan una protección eficaz. Las cinco más peligrosas son las siguientes:

El moquillo, infección vírica que se presenta en tres formas. Está el moquillo intestinal (con diarreas), el pulmonar (con neumonía), y el nervioso (con contracciones musculares y parálisis). Síntomas: fiebre, diarrea, tos, ojos llorosos y legañosos. En fases más avanzadas, espasmos y alteraciones de la motricidad. El moquillo no es específico del cachorro. La vacunación sistemática lo mitiga, pero no lo elimina.

La hepatitis contagiosa, también conocida con el nombre de *Hepatitis contagiosa canis*, es también una enfermedad vírica y se parece mucho al moquillo.

Síntomas: fiebre, inflamación de la zona nasal y laríngea, diarrea y clara sensibilidad al dolor en el vientre.

La peste canina de Stuttgart o leptospirosis, es una infección bacteriana y está causada por diversos leptospiros, algunos de los cuales se transmiten al hombre causando la ictericia contagiosa.

Síntomas: fiebre, agotamiento, vómitos, inapetencia, amigdalitis, trastornos digestivos, intestinales y renales y también, en muchos casos, debilidad de las patas traseras. En los casos más graves, ictericia y alteraciones de la motricidad. La vacuna impide tanto el contagio como la enfermedad.

Un caso claro: “por favor, juega conmigo”.

La rabia es la peor de todas las enfermedades víricas. Hasta la fecha no ha podido erradicarse, a pesar de haberse multiplicado los intentos por conseguirlo.
Síntomas: comportamiento anormal, tendencia incontenible a morder, parálisis y espasmos, dolores en la deglución. La vacunación preventiva de los perros es muy importante, pues interrumpe la cadena de transmisión desde un animal salvaje, por ejemplo el zorro, hasta el hombre. En los círculos cerrados en que se haya declarado la rabia la vacunación es vital para el perro en determinadas circunstancias, pues los perros son sospechosos de tener la enfermedad. Asimismo sólo se puede viajar al extranjero cuando en el carné conste la vacunación antirrábica (v. abajo).

La parvovirosis es una enfermedad vírica que se transmite cuando hay muchos perros juntos. Síntomas: brusca aparición de diarrea acompañada de sangre, vómitos intensos en los que también puede haber sangre. El perro se vuelve apático, se niega a comer y sufre una fuerte deshidratación.

Carné de vacunación

Las vacunas son indoloras y se registran en el carné internacional de vacunación, en el que no sólo aparecen indicaciones sobre las vacunas obligatorias, sino también datos relacionados con el lugar de nacimiento, la raza o el dueño del perro. En consecuencia, este carné es una especie de documento de identidad del perro. Es el veterinario quien lo extiende.

Tratamiento vermífugo / plan de vacunación

Edad	Vacunación	Tratamiento vermífugo
2 semanas		Contra ascárides, anquilostomas y nematodos
4 semanas		Contra ascárides, anquilostomas y nematodos
6 semanas		Contra ascárides, anquilostomas y nematodos
8 semanas	Primera vacunación básica contra el moquillo, la hepatitis, la leptospirosis y la parvovirosis	Contra ascárides, anquilostomas y nematodos
10 semanas		Contra ascárides, anquilostomas y nematodos
12 semanas	Segunda vacunación básica contra el moquillo, la hepatitis, la leptospirosis, la parvovirosis, la rabia y la tos de perrera	Contra ascárides, anquilostomas y nematodos

Las vacunaciones deben repetirse cada año.

Cachorros: pasadas las doce primeras semanas de vida deben ser sometidos a un tratamiento vermífugo cada 3 ó 4 meses.
Perras: tratamiento vermífugo antes de la cubrición, 10 días antes de la fecha del parto y después a la vez que el cachorro. Si es necesaria, vacunación contra la tos de perrera.

Los perros que andan mucho fueran deben ser desparasitados regularmente.

¿Inyecciones anticonceptivas o castración?

Para evitar que una perra tenga una descendencia no deseada existen las siguientes posibilidades:

- observación y encierro de la perra durante los días críticos;
- tratamiento hormonal en forma de inyecciones que, según sean la perra y su ciclo, deben ponérsele cada 4 ó 5 meses, o en forma de comprimidos. Para más detalles consulte al veterinario.

La castración (extirpación de los ovarios) sería la solución en el caso de que el falso embarazo se presente con mucha frecuencia o de que se repita el peligro de una preñez no deseada. Actualmente, es una intervención muy común y muchos veterinarios la practican antes del primer período de celo. Psicológicamente el animal no experimenta cambios, y con ella son menos frecuentes tanto las enfermedades seniles del útero y del complejo mamario como los falsos embarazos.

La higiene en el trato con el perro

Me he ocupado de esta cuestión en "Perro y bebé" (v. p. 13), donde su importancia es máxima. El hombre y el perro viven en el mismo entorno microbiológico y se inmunizan recíprocamente (se protegen contra muchos agentes patógenos). Los médicos hablan en este caso de "inmunización tácita".

Las zoonosis son las enfermedades infecciosas que pueden transmitirse recíprocamente entre el hombre y el animal.

La mejor protección está en:

- higiene en el trato con el perro: lavarse las manos y no dejarse lamer la cara;
- vacunación regular del perro;
- escrupulosidad y regularidad en la desparasitación del perro;
- alimentación con carne hervida.

Las ascárides pueden ser transmitidas al hombre por el perro. La desparasitación periódica (cada 3 meses) reduce el peligro de contagio.

Los hongos de la piel (dermatofitos) pueden transmitirse tanto del perro al hombre como del hombre al perro. Aparecen en forma de manchas circulares y rojas que producen picor. El tratamiento en hombres y en perros es muy largo.

La rabia y una variante especial de la leptospirosis, la *Leptospira icterohaemorrhagiae*, son dos de las cinco mayores enfermedades caninas contra con las que debe vacunarse, y que pueden transmitirse al hombre. En ambos casos la vacunación del perro protege también al hombre.

La amigdalitis y las paperas, lo mismo que el resfriado y las infecciones gripales, pueden transmitirse del hombre al perro y al revés. En este caso, es el perro el que corre más peligro.

En general, el cansancio es el primer síntoma de una enfermedad.

Intervenciones importantes

Hay ciertas intervenciones médicas que el veterinario no va a realizar, pero que es preciso dominar para poder ayudar al perro.

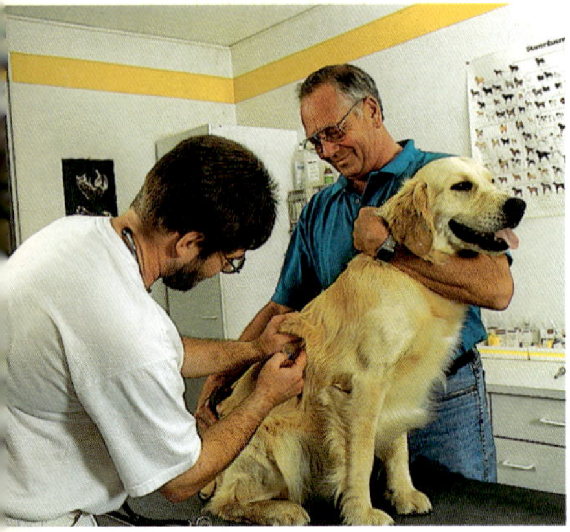

Durante la exploración no hay que dejar de dirigir al perro palabras tranquilizadoras.

Sujeción adecuada

Durante la exploración hay que hablar constantemente con el perro y sujetarlo por el cuello. Para sujetarlo sin que se mueva, se le rodea con el brazo, de forma que su cabeza se apoye en el pliegue del codo en dirección opuesta al veterinario. Con la otra mano se sujeta la espalda.
A los perros peligrosos y mordedores se les pone previamente un lazo en el hocico o un bozal.
Si el perro tiene que estar tumbado durante el tratamiento, es preciso colocarse detrás de él y sujetar con las dos manos las patas, que habrán quedado debajo; de este modo los antebrazos inmovilizan al perro. Esta es la manera de sujetar sin mayores esfuerzos, incluso a los perros grandes. Hay que tranquilizar siempre al perro.

Colocación de la cinta para el hocico

Con esta cinta se evita que el perro muerda.

Modo de hacerlo: haga un lazo con 1 metro de venda o con una corbata y pase el mismo por el hocico. Anude por debajo del hocico, cruce los extremos y únalos detrás de las orejas en forma de lazo.

Colocación de un vendaje compresivo

Este tipo de vendaje es necesario cuando hay una hemorragia muy fuerte.
Modo de hacerlo: se coloca directamente sobre la herida un tapón de gasa y se pone una venda alrededor. Cada 3 vueltas de venda se pone un poco de gasa como acolchado. Para conseguir un vendaje seguro se dará de vez en cuando la vuelta al rollo (los no profesionales suelen dejar las vendas flojas).
Si a pesar del vendaje la herida continúa sangrando, hay que cortar el paso de la sangre por encima de la herida. Para ello se puede utilizar una goma, unos tirantes o cualquier otro material elástico y resistente. El vendaje debe aflojarse cada media hora por un corto espacio de tiempo. En caso de accidente, se impone la visita al veterinario.

Tomar el pulso

Frecuencia del pulso sana: razas grandes y de tipo medio entre 70 y 100, razas pequeñas entre 100 y 130, y cachorros hasta 200 pulsaciones por minuto.
Modo de hacerlo: para tomar el pulso hay que arrodillarse detrás del perro, que estará de pie, y llegando desde arriba se pone la mano en el pliegue inguinal de la parte que une las patas traseras con el tronco, donde hay una hendidura por donde va la gran arteria que abastece de sangre a la pierna. Entonces se aplican los dedos índice y corazón a la arteria y se cuentan las pulsaciones durante 15 segundos; basta multiplicarlas por cuatro para medir las pulsaciones por minuto.

Medición de la temperatura

La temperatura normal del cuerpo del perro oscila entre los 38,2 y los 39° C. Por encima de estos niveles hay fiebre. Si la temperatura del cuerpo es inferior a los 37,8° C, es preciso acudir al veterinario sin pérdida de tiempo.

Si son perros grandes, para tomar la temperatura se necesita ayuda.

1

2

3

1 Para intervenir el oído se levanta el lóbulo de la oreja.

2 Los líquidos se introducen lateralmente en la boca con una jeringuilla.

3 Para aplicar un colirio se separan ligeramente los párpados.

Modo de hacerlo: se coloca al perro sobre una mesa y un ayudante lo sujeta con el pliegue del codo, mientras con la otra mano levanta su cola. Entonces se introduce con cuidado un termómetro lubricado con vaselina en el ano unos 2 centímetros y se saca 1 minuto después. Durante todo este tiempo el perro deberá permanecer inmóvil.

Administración de medicamentos

En forma de polvo:
se mezcla el medicamento en una bolita de carne picada que se introduce lo más profundamente posible en la boca del perro, procurando que se la trague.

En forma de comprimidos: se abre la boca del perro, se aparta el labio superior y se tira hacia abajo la mandíbula inferior. Entonces se deposita el comprimido lo más cerca posible de la raíz de la lengua. A continuación se mantiene cerrada suavemente la boca. Unas palmaditas cariñosas distraerán al perro, que terminará tragándose los comprimidos.
Otro método: se corta por la mitad un trozo de salchicha, se introduce el comprimido en su interior y se da el bocado al perro.

En forma de líquido: se dejan caer las gotas en la punta de la lengua o detrás de los colmillos.
Segundo método: se estira ligeramente el labio por un lado para que se forme una cavidad, en la que se deja caer el líquido lentamente en forma de gotas. Es conveniente mantener un poco alta la cabeza del perro.
Tercer método: se estira ligeramente el labio por un lado y, utilizando una jeringuilla, se introduce directamente el líquido en la boca del perro.

En forma de supositorio: se aconseja contar con un ayudante. Mientras éste tranquiliza y sujeta al perro, se introduce el supositorio lenta y profundamente en su intestino. A continuación se aprieta la cola contra el ano para evitar que el perro expulse el supositorio.

Instalación de gotas en los oídos

Para instilar gotas en los oídos se procede del mismo modo que al limpiarlos con un paño limpio (v. p. 48). Quien vaya a hacerlo se sienta frente al perro, también sentado, y levanta el pabellón del oído de forma que pueda verse el conducto auditivo. A continuación se introduce el cuentagotas en el oído lo más profundamente posible y se dejan caer las gotas. En el caso del perro existen muy pocas posibilidades de dañar el tímpano, pues el conducto auditivo forma un ángulo recto.
Después se curva hacia delante el pabellón externo, se mantiene el oído tapado y se masajea a fondo para que el medicamento se distribuya por todo el conducto. Entonces es cuestión de mantenerse a distancia, pues el perro sacude la cabeza y una parte del medicamento sale al exterior. Lo mejor es realizar esta operación al aire libre o en una habitación embaldosada.

Aplicación de un colirio

Se mantiene la cabeza del perro ligeramente levantada. Entonces se separan un poco los párpados y se aplica el colirio (desde arriba) sobre el párpado inferior.

En las razas caninas pequeñas, los Beagle por ejemplo, el proceso de envejecimiento comienza más tarde que en las grandes.

El perro y sus alteraciones de comportamiento

El mejor amigo del hombre puede sufrir también trastornos psíquicos. Nuestro ajetreado modo de vivir, el estrés y los innumerables inconvenientes de la vida moderna afectan a muchos perros, hasta el punto de que puede alterarse su comportamiento natural. Estas alteraciones se traducen en:

- agresividad frente a otros perros;
- ardor destructivo en la vivienda;
- pánico al ruido y a los objetos;
- vigilancia exagerada con ladridos constantes;
- persecución de corredores, ciclistas y de coches;
- miedo a otros perros;
- pavor a la soledad.

Es importante analizar las causas para iniciar un tratamiento eficaz. En efecto, son muy contadas las ocasiones en las que las enfermedades psíquicas son congénitas o tienen un condicionamiento orgánico. Muchas alteraciones del comportamiento se deben a una educación deficiente o a experiencias desgraciadas. Son los veterinarios especializados en terapias del comportamiento y los entrenadores de perros específicamente cualificados los que están en condiciones de tratar la mayor parte de los trastornos. En este caso se utilizan determinadas técnicas educativas, planes terapéuticos y medicamentos; de este modo el perro aprende nuevas formas de comportamiento.

He aquí un catálogo de conductas humanas improcedentes que pueden provocar en el perro una enfermedad psíquica y que hay que evitar:

En el caso de angustia provocada por una separación, el perro puede llegar a destruir los muebles. De todos modos, existe la posibilidad de enseñarle a estar solo.

Perro grande en vivienda pequeña: si no se trabaja con el perro o no se saca a pasear 2 horas al día como mínimo, puede presentarse una atrofia de los instintos.

Cambios de humor: cuando su dueño presenta distintos estados de ánimo, el perro no sabe a qué atenerse. No le "comprende" y reacciona alterándose.

La reducción repentina de los paseos supone un estrechamiento de su campo y el perro reacciona con incomprensión.

Vida irregular: un perro necesita que su dueño tenga costumbres fijas, como pasear y comer simpre a las mismas horas.

Los cambios de la vida familiar provocados por las discusiones matrimoniales, la separación temporal o el divorcio pueden dar lugar a una enfermedad en un perro.

El dar de lado a un perro por la llegada de un niño puede provocar en él celos.

La falta de autoridad y una educación excesivamente tolerante: el perro reacciona en muchos casos con agresividad y despotismo, pues le falta su jefe de manada. Un perro debe ser tratado correctamente y con firmeza, nunca de una manera irreflexiva.

Envejecimiento y muerte

Una de las preguntas que con más frecuencia me hacen en relación con el tema del perro es el de su esperanza de vida. Por término medio y prescindiendo de los casos de enfermedades tempranas, de accidentes y demás, un perro sólo vive 7 años. Los "matusalenes" de las distintas razas son los terrier tibetanos (Tibet Apso), que pueden llegar a alcanzar los 20 años. Un promedio aceptable se sitúa entre los 10 y 14 años; los gigantes caninos y los bulldog sólo viven entre 7 y 9 años (siempre por término medio).

¿Qué representa un año canino? 9 años en un perro equivalen a 58 en un hombre; la vieja idea de que un año en la vida de un perro equivale a siete en la de un hombre está muy extendida, pero es errónea. A los 12 meses el perro es ya adulto, por lo que en tal caso 1 año canino equivale a 15 años en el hombre.

Las canas en un perro comienzan más o menos a los 6 años por los labios y las mandíbulas. Continúa por los belfos y la nariz, y entre los 8 y los 10 años llegan a la región ocular. Los perros de más edad encanecen también en la frente y en la cabeza. Por regla general, los perros de utilidad encanecen antes que los de compañía.

El perro de edad

Un perro es viejo a los 12 años. Como es un animal de olfato y conserva este sentido, la pérdida de audición y de visión no le afecta tanto como al hombre, siempre que no cambie de entorno. Los huesos le duelen cada vez más y sus paseos son cada vez más lentos. También se resiente su aseo, que no tiene que ver con la educación, sino que obedece a una debilidad de su vejiga. Por tanto, depende totalmente de nosotros y se nos parece cada vez más. Así cuesta mucho despedirse de él tanto si muere por un proceso natural como si le tenemos que ayudar a morir para evitarle sufrimientos.

Ayudar a morir recurriendo a las flores de Bach y a la homeopatía viene muy bien tanto al perro como a su dueño. Consulte al veterinario. Actualmente, la narcotización inducida mediante dosis progresivamente crecientes ha mejorado tanto que el perro no la advierte en absoluto.

Así murió nuestro Pepo

Pepo, nuestro Basset, fue visitado un sábado por el veterinario, que nos dio muy pocas esperanzas. Estaba muy tranquilo, salió al jardín y se tumbó en la hierba. La noche del lunes se acercó a mi mujer y se durmió como un cachorro acurrucado junto a ella. Durante los 2 días anteriores no había movido la cola, excepto unos 10 minutos antes de morir, cuando un pequeño perro mestizo entró en la sala de espera de la clínica veterinaria. Teníamos a Pepo en nuestros brazos cuando recibió la inyección. Se durmió rápida y serenamente. Pero su cara fue envejeciendo minuto a minuto. El resto de su cuerpo estaba blando y arrugado, y sus patas se doblaron en ángulo. Para llevarlo a casa, yo me senté junto a él en los asientos traseros. Pero mis palabras de consuelo ya no le llegaban. Lo envolví en la manta en la que tantos años había dormido. Al despedirlo, casi llegué a sentirlo más cercano que nunca. Mis lágrimas me descubrieron qué gran perro había sido nuestro pequeño.

Capítulo 3

Naturaleza y comportamiento del perro

Naturaleza y funciones sensoriales

Los perros realizan todavía las mismas funciones sensoriales y presentan las mismas formas de comportamiento que sus antepasados salvajes. No deja de asombrarnos una y otra vez su capacidad para percibir los más pequeños rastros de olor o los sonidos más débiles.

Observaciones sobre el lobo

Durante los 3 años en que vivió en medio de una manada de lobos con varios caniches, Erik Zimen, autor especializado en lobos y perros, registró en los lobos 362 formas de comportamiento de las cuales los caniches conservaban todavía dos terceras partes. Se habían perdido las que ya no eran necesarias para la convivencia con el hombre. Por este motivo, una información básica sobre el lobo y su comportamiento facilita un mejor conocimiento del perro.

Jerarquía: está rigurosamente establecida desde el jefe de la manada hasta el "cabeza de turco". Todos los componentes de la manada educan a los jóvenes; hay un control de los nacimientos dentro de la manada.

Canguros: los lobos de las categorías inferiores cuidan de los pequeños cuando los lobos más cualificados salen a cazar.

Sentimiento de manada: varias generaciones conviven entre sí, lo cual protege a la manada.

Buena organización: para convivir así hay que contar con unos medios de comunicación precisos. Generalmente se trata de señales ópticas: posiciones y movimientos de las diferentes partes del cuerpo, sobre todo de la cola y de las orejas, y una mímica gestual muy marcada. Todo ello forma parte de unos comportamientos estrictamente mantenidos, a través de los cuales se establece con frecuencia la jerarquía.

Aullidos: facilitan la vuelta a la manada de los lobos perdidos y refuerzan el sentimiento de grupo. El ambiente es agradable.

Espíritu de equipo: se muestra al percibir el olor de un animal salvaje. Los lobos se juntan y sus hocicos se disponen en dirección a la presa, tan cerca los unos de los otros que parece que la manada se convierte en una sola nariz.

Tras unos segundos de tensión, la manada sale disparada y comienza la caza.

Enseñanzas para el perro: la más importante es la relacionada con el sentimiento de grupo. El perro sólo se siente bien en sociedad. De ahí la necesidad de no dejarlo solo.

Hay que saber interpretar lo que el perro quiere decir. Habla con su dueño a través de sus orejas, de su pelo y de su cola (v. pp. 79-80).

Procure mantener la jerarquía dentro del grupo familiar. La jefatura ha de recaer en el hombre, no en el perro.

Señal inequívoca: al adoptar esta postura, el perro está invitando a que se juegue con él.

Cuando quiere llamar nuestra atención o decirnos algo, el perro ladra. Esto, que han aprendido conviviendo con nosotros, es parte de su lenguaje (v. p. 76).
El perro que aúlla llama a la manada cuando se siente solo, o a su pareja cuando hay cerca una perra en celo. Pero también se repite el viejo canto coral cuando los perros se ponen a hacer música.

El perro como un ser independiente

En el folleto *Rund um den Hund* ("En torno al perro"), publicado por la Asociación Cinológica Austríaca, aparecen estas sorprendentes y curiosas "Diez peticiones de un perro a su dueño":
1. Mi vida dura entre diez y quince años. Cada separación de ti es para mí un sufrimiento. Piénsalo antes de adquirirme.
2. Dame tiempo para comprender lo que quieres de mí.
3. Ten confianza en mí; vivo de ella.
4. No prolongues tus enfados conmigo y no me encierres como castigo. Tú tienes tus ocupaciones y tus diversiones; yo sólo te tengo a ti.
5. Háblame de vez en cuando. Aunque no entiendo tus palabras, sí percibo la voz que se dirige a mí.
6. Aprende la forma de tratarme y no la olvides.
7. Antes de pegarme piensa que mi mandíbula puede partir fácilmente los huesecillos de tu mano, aunque no voy a utilizarla.
8. Antes de que en el trabajo me taches de "malhumorado", "terco" o "indolente", piensa en lo mucho que me desagrada una comida inapropiada, en que estoy demasiado tiempo al sol, o en que tengo un corazón agotado.
9. Cúidame cuando empiece a envejecer; también tú envejecerás.
10. Acompáñame en los trances duros. Nunca digas: "No puedo verlo" o "Tiene que suceder en mi ausencia". Para mí todo es más fácil contigo.
Suscribo este decálogo en su totalidad. Sólo me parece excesivamente modesta la petición quinta; hay que hablar con el perro todo lo que se pueda. El sonido de la voz humana crea una armonía entre el hombre y el perro.

La sociedad hombre-perro

Un perro es un ser independiente, aunque se ha adaptado al hombre más que ningún otro animal. El hombre y el perro son socios el uno del otro.
No obstante, para que sea posible esta estrecha relación entre el hombre y el perro es preciso que el primero no considere al segundo como un dispositivo de alarma de cuatro patas, como un juguete para sus hijos o como un símbolo de prestigio, sino como un compañero, aunque sin olvidar su condición de perro y su diferente modo de ser. En efecto, por muy estrecha que sea su relación con el hombre, el perro sigue siendo perro. Nada más nacer, un "animal salvaje" como él se integra en la estructura social de los hombres, una especie que le resulta ajena y con la que se vincula íntimamente. Su socio humano le

¿Qué puede haberse escondido realmente en el bolso?

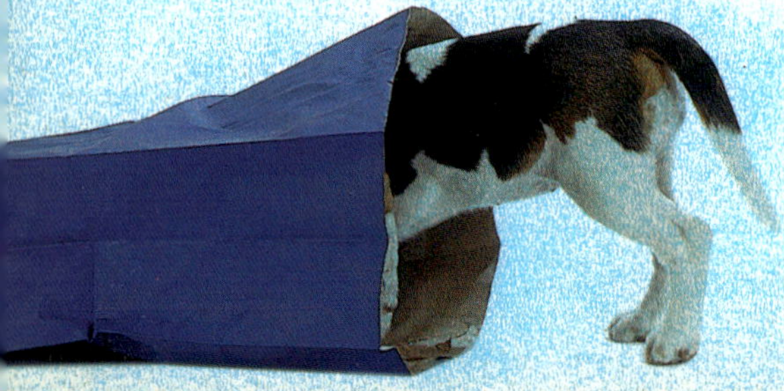

proporciona alimentos, cuida de sus cachorros, lo protege de la intemperie, cura sus enfermedades y, aunque con excepciones, le procura una pareja sexual. A pesar de todo, el perro conserva su autonomía. Es algo que no deja de sorprenderme, lo mismo que sus funciones sensoriales, que tanto los distinguen de nosotros.

El perro como guardián

Alguien está sentado en su casa leyendo el periódico. Todo está en orden y en paz. De repente su perro, que hasta este momento duerme profundamente, levanta la cabeza gruñendo. Al sonar el timbre empieza a ladrar, aunque antes de que sonara sabía que un desconocido se acercaba a la vivienda. Dado su buen oído, el hombre confía al perro la función de guardián.

Observaciones sobre el oído canino

La capacidad auditiva del perro es muy superior a la del hombre. Ésta se sitúa entre las 16 000 y las 20 000 vibraciones sonoras por segundo, en tanto que el perro puede percibir sonidos que se encuentran entre las 70 000 y las 100 000 vibraciones. El silencioso silbato para perros basado en los ultrasonidos funciona en virtud de esta facultad. Un perro dispone de 17 músculos para mover sus orejas, que, cuando están tiesas, utiliza como una especie de radar para localizar los sonidos.

Observaciones sobre el olfato canino

El olfato interviene cada vez que un perro entra en contacto con un hombre o con sus semejantes. Su olfato le indica si conoce bien a otro perro u hombre, y si éste le resulta simpático o le inspira desconfianza.

Su extraordinario olfato le capacita para:

- seguir el rastro del animal salvaje y situarlo (auxiliar del cazador);
- buscar setas bajo la tierra;
- husmear el rastro de un delincuente, buscar a un niño perdido o descubrir la existencia de droga en los lugares mejor disimulados;
- encontrar personas sepultadas hasta una profundidad de 7 metros bajo la nieve o bajo los escombros de una casa derruida.

En cuanto huele algo interesante, el perro se pone a olfatear. Si su instinto cazador está muy desarrollado, distráigale inmediatamente obligándole a acercarse a su dueño.

El perro explora el mundo a través de su olfato, entrando en contacto con otros perros (derecha), o bien removiendo la tierra (superior).

El perro olfatea el mundo

El sentido más importante del perro es el olfato. La superficie olfativa del perro es 30 veces superior a la del hombre, y su capacidad es mucho mayor todavía. He aquí unos ejemplos:

- un perro huele nuestro estado de ánimo, y si lo aceptamos o lo rechazamos;
- siguiendo un rastro conoce su antigüedad y la dirección en que se mueve;
- olfatea en las esquinas de las calles, en las farolas y en los árboles, a los perros que le precedieron y les facilita información sobre él mismo (v. p. 82);
- obviamente, el perro conoce con total precisión el olor de su dueño. De todos modos, no es cuestión de inducirle a confusión cambiando constantemente de perfume o de loción de afeitar.

Cuando el perro llega por primera vez a una casa, tanto si es cachorro como si es adulto, su dueño no debe cambiar de perfume al menos durante medio año. Sólo así se impregnará intensamente de su olor. Evítense, asimismo, los perfumes excesivamente fuertes, pues realmente le molestan. No se olvide que el perro vive en un mundo de sensaciones totalmente distinto.

El perro y su sentido del gusto

Aunque no se ha estudiado todavía a fondo, el sentido del gusto está en el perro estrechamente asociado a su olfato, que sin duda influye en su preferencia por determinado tipo de comidas. La lengua (órgano del gusto) ejerce en el perro la función de percibir la comida desde la perspectiva de su sabor.

Cumple además otras dos funciones; por una parte, dada su gran movilidad, sirve para tomar líquidos y, por otra, proporciona un alivio en la transpiración, ya que al jadear se evapora parte del agua. Por tanto, la lengua suple la falta de las glándulas sudoríparas.

Unas notas sobre la vista

El campo de visión de un perro, sin mover la cabeza, se sitúa, según sean la forma de su cráneo y la posición de sus ojos, entre los 270 y los 200º, en tanto que en el hombre es aproximadamente de 100º. Ahora bien, su potencia visual plástica es sensiblemente más limitada. Su capacidad de visión es inversamente proporcional a la claridad, pues la capa reflectante del fondo del ojo (*Tapetum lucidum*) hace que sus ojos centelleen al incidir la luz en ellos. De este modo es capaz de percibir movimientos en plena oscuridad. Su olfato le indica que algo se mueve y a través de él percibe su entorno. Tuve ocasión de comprobarlo repetidamente cuando mi perro se quedó ciego: su minusvalía era netamente inferior a la de una persona ciega.

El perro reacciona al movimiento: cuando el perro se acerca a su dueño a favor del viento, es decir, cuando el perro no puede olerlo, confía en sus ojos. El perro es hipermétrope por naturaleza, por lo que está capacitado sobre todo para la percepción óptica del movimiento, lo cual es una clara herencia de su pasado depredador de lobo. Si su dueño permanece quieto, sólo lo reconocerá a cierta distancia y los cazadores aprovechan esta facultad de sus perros.

El sentido del tacto

Los pelos del bigote del perro están profundamente arraigados en la piel y desempeñan en cierta medida la función del tacto, pues terminan en unas delicadas células nerviosas. En cualquier caso no son tan importantes como los bigotes del gato. Otras zonas con células vinculadas al sentido del tacto son los labios, las patas y en el espéculo nasal.

Lo que el perro percibe a través de sus sentidos

La actuación de sus sentidos capacita al perro para una serie de actuaciones sorprendentes.

- El perro advierte que vamos a salir.
- Duerme junto al televisor en pleno funcionamiento, pero basta un leve crujido de papel para despertarlo.
- Los perros de trineo pueden mantener en plena noche la dirección trazada, mientras que el esquiador no es capaz con la brújula.
- A los perros les gusta observar el entorno desde un lugar elevado, aunque en opinión de algunos estudiosos su sentido de la vista no está muy desarrollado.
- El perro está capacitado para distinguir el ruido del coche de la familia del de otros.

Para estas actuaciones y habilidades sólo disponemos de una explicación parcial, pero en cualquier caso nos demuestran que el perro podría sobrevivir en estado salvaje.

El celoso Gody

Gody se resistió durante toda su vida a cepillarse sobre una mesa; quizás tuviera cosquillas. Se mantenía a distancia del cepillo, para lo cual desarrolló una gran habilidad. Hasta que llegó a su casa otro perro; era pequeño, se llamaba Bini y le gustaba que le pasaran el cepillo. Gody no pasó mucho tiempo observando la operación; trepó al tocador a través de un taburete, se tendió en diagonal sobre Bini y se puso a mirar a su dueño sin emitir sonido. “Dejé sorprendido a Bini en el suelo y me puse a trabajar con Gody, quien se dejó cepillar con una paciencia infinita, mientras que en el suelo Bini saltaba a la mesa ladrando furiosamente”.

Formas de conducta

Tanto si es un Chihuahua como si es un Epagneul Bretón, el perro desciende directamente del lobo. Muchos de sus comportamientos derivan de su procedencia "lobuna". Una interpretación adecuada de los mismos facilita la convivencia.

El perro y su comportamiento

En la convivencia con el perro aparecen con frecuencia reacciones que nos parecen muy "humanas", como sucede generalmente cuando no lo creemos capaz de las mismas. Ahora bien, ¿qué se entiende por "típicamente humano" o por "típicamente canino"?
Los comportamientos del perro están condicionados por su modo de ser que, a pesar de la prolongada convivencia con el hombre, presenta muchas de las características del lobo; es un animal carnicero y, por tanto, está muy dotado para la caza. Dado su marcado comportamiento en relación con el territorio es un excelente vigilante. Además su comportamiento social, el hecho de proceder de una manada, lo hace muy sociable. Sobre esta herencia de sus antepasados, el perro ha desarrollado a través de su convivencia con el hombre una inteligencia basada en la capacidad de recordar experiencias anteriores, que le permitirá adaptar a una situación concreta el repertorio de comportamientos innatos. Por este motivo es preciso señalar dos elementos antitéticos:
Determinadas reacciones (por ejemplo, la de la percepción óptica del movimiento) surgen de un modo casi automático. Al mismo tiempo, no hay que olvidar que el perro es un individuo que actúa independientemente, está dotado de una fina sensibilidad y adopta sus propias decisiones.

El comportamiento del perro es, por tanto, la suma de comportamientos innatos de la especie canina, específicos de las diferentes razas, de comportamientos adquiridos a través de la educación y de la convivencia con el hombre, y de las emociones y valores afectivos a que ha dado lugar su asociación con el hombre.
Para un perro "humanizado" una gratificación ideal, es decir, un elogio, puede ser tan importante como una golosina. En efecto, el perro conoce sentimientos tales como el afecto, la envidia, la desconfianza o los celos.
La cría organizada hace que algunas razas terminen siendo "difícilmente reconocibles". Por otra parte los criadores seleccionan cualidades y comportamientos especiales que nos permiten describir las características de las razas (Fichas técnicas de las razas, v. pp. 114-143). ¿Cómo describir, por ejemplo, la fisonomía de un Bobtail que se oculta tras una cortina de

pelo, la de un Dobermann o la de un Bull Terrier, cuya cara tiene una piel tan tirante que prácticamente resulta imposible advertir en ella movimiento alguno, o la de un Basset, cuyas arrugas sugieren una disposición psíquica que no existe en absoluto? Por lo que se refiere a su carácter, algunas razas, como los mastines, los perros nórdicos, los terriers y los téckels, se comportan a su aire y han de ser educadas con mano firme. Tratándose de perros de manada, como el Beagle o el Basset, el Caniche o los lebreles, la autoridad de su dueño está asegurada. Se ha estudiado el comportamiento específico de las diversas razas en el ámbito familiar y se han obtenido conclusiones que pueden influir en los dueños de perros a la hora de elegir una raza concreta.

No obstante, hay perros cuyo comportamiento es exactamente el contrario al señalado en la bibliografía especializada. Este es el inconveniente de las generalizaciones, pero es un dato a favor del perro como individualidad. Aunque nos cuesta comprender la mímica de algunas razas, en la mayoría de los casos el perro se expresa a través de la expresión de su cara y mediante sus orejas, su pelo y su cola. La prohibición del corte de la cola y/o de las orejas está perfectamente justificada, pues con el mismo se priva al perro de una importante posibilidad de expresarse.

Los dos lenguajes del perro

Uno le sirve para tratar con sus congéneres y el otro para comunicarse con el hombre. Hasta cierto punto sus fronteras se confunden; el hombre únicamente no tiene acceso al lenguaje de los olores transmitido a través de la nariz (v. p. 71).

A pesar de la "diferencia de idiomas", ambos se comprenden maravillosamente.

El Setter Irlandés fue criado para la caza como perro de muestra. Tiene buen olfato y es rápido y resistente.

El lenguaje canino incluye además la producción de sonidos (v. abajo), la posición y la mímica, que se articulan con todo el cuerpo (de ahí que se hable de lenguaje corporal), con la cola, con las orejas, con la cara y con el pelo. Podría darse el caso de que un perro muy adaptado al hombre no llegue a entenderse con sus congéneres. Ahora bien, un perro que no domine las reglas vigentes entre perro y perro no es un perro auténtico, y su dueño tendrá dificultades para pasear con él pues no sabrá qué actitud tomar ante otros perros.

Las expresiones fónicas del perro

"¿Cómo habla el perro?", es la expresión que utilizan algunos dueños de perro para obligar a ladrar a su animal favorito. Para el hombre, las expresiones fónicas del perro, con el ladrido en primer término, son sinónimos de lenguaje canino. Durante mucho tiempo he ido tomando nota de todo lo que mis perros han articulado.

He aquí el repertorio del lenguaje fónico de mis perros: ladran, aúllan, gañen, gargantean, gruñen, gimen, ululan, gritan, chillan, lloriquean, rugen, silban y rezongan. Y todo esto admite también formas mixtas, aunque carezco de las expresiones correspondientes. En mi catálogo he registrado exclusivamente sonidos destinados a la comunicación y ni una sola expresión de dolor.

El perro y su cola

El movimiento de la cola como expresión de los diferentes estados de ánimo

Hasta el menos experto en cinología sabe que el perro que mueve la cola es un amigo. No obstante, el hecho de mover la cola es también una forma expresiva muy matizada de diferentes estados de ánimo. Moviendo la cola el perro se dirige tanto al hombre como a sus congéneres.

✔ Movimientos enérgicos y rápidos: da a entender a otros perros y al hombre que su actitud es amistosa.

✔ Movimientos lentos y cortos (a veces sólo unos pocos golpes en el suelo cuando está tumbado): indica a su dueño que está a gusto.

✔ Cola levantada que se mueve de un lado a otro, como si fuera un limpiaparabrisas: un movimiento conflictivo entre el saludo y el rechazo. El perro todavía no sabe a qué atenerse.

✔ Cola entre las piernas: significa retraimiento, inseguridad o miedo.

✔ Cola en posición horizontal: expresa un sentimiento de satisfacción profunda.

Comprender al perro: un perro puede chillar ante una expectativa gozosa, ladrar por miedo, gemir por aburrimiento o aullar antes de adormecerse. Es preciso aprenderse este lenguaje fónico, junto con el lenguaje corporal. Por ejemplo, el Téckel que al llegar su dueño a casa menea su cola y su trasero desbordante de alegría, enrosca su cuerpo en todos los sentidos, salta como una pelota de goma, gargantea y ladra hasta el punto de reventar los oídos, está ofrendando un saludo que requiere una respuesta adecuada.

Cuando el perro emite una serie de sonidos monótonos, mira a su dueño y mueve la cola, quiere decir que es la hora del paseo conjunto. Un *"guau-guau-guau"* alto y sostenido significa que tiene hambre y que quiere comer. Un gruñido sordo con los pelos erizados indica que hay alguien en la puerta y que va a sonar el timbre.

La reacción del dueño es muy importante. Si es un buen dueño, sabrá lo que trata de decir su perro y reaccionará adecuadamente, y lo hará mezclando en las dosis debidas la escucha y la acogida. Cuanto mejor se comprendan sus ladridos y más se acepten, mayor será el uso que el perro haga de los mismos.

Los perros de caza recurren directamente al ladrido para transmitir al cazador informaciones que obtienen gracias a las mejores prestaciones de sus sentidos:

- emite sonidos de rastro cuando ladra siguiendo la pista;
- emite sonidos de vista cuando ha divisado a la presa;
- emite sonidos de posición cuando localiza a la presa herida de muerte;
- emite ladridos de muerte cuando la presa está muerta.

El lenguaje hombre-perro

El hombre responde a los ladridos hablando con el perro y utilizando el lenguaje de las manos y de los gestos afectuosos. Para hablar con el perro hay que empezar eliminando las barreras de la vergüenza propia, pues es muy probable que se sientan reparos antes de formular las palabras de alegría y de afecto que tanto agradan a los perros. Se trata del registro, de lo tranquilizante, no del sentido. Su perro disfrutará.

Gestos afectuosos

Al carecer de dos de las posibilidades de comunicación más importantes del perro -no somos capaces ni de mover la cola ni de levantar o bajar las orejas-, recurrimos al lenguaje de los gestos para mostrar al perro nuestro afecto. Al perro le gustan las caricias.

Distingo seis posibilidades de gestos afectuosos:

- acariciar el pecho; gusta sobre todo a los machos;
- acariciar la raíz de la cola; provoca sensaciones placenteras;
- acariciar bajo las mandíbulas, suavemente y con la punta de los dedos;
- frotar las orejas y acariciar detrás de ellas;
- golpear suavemente y acariciar la espalda;
- poner la mano abierta en la espalda o en el vientre y mantenerla allí durante un rato.

Si el perro reacciona lamiendo la mano, hay que dejar que lo haga. Sólo es cuestión de lavarse las manos después.

Cómo se expresan los perros

Los perros desarrollan entre sí métodos sutiles de expresarse. Lo hacen con todo el cuerpo, con la cola, con las orejas y con el pelo.

El perro da a conocer su estado de ánimo a través de sus orejas, su pelo y su cola.

Los hermanos de camada desarrollan múltiples comportamientos muy importantes para vivir en manada.

Cuando un perro se dirige expectante hacia algo, todo en él mantiene una dirección positiva y hacia delante: su cuerpo, su cabeza, sus orejas, su cuello y su cola. El perro agranda su aspecto. Su mayor tamaño pretende intimidar a los demás y la actitud expectante se convierte en una amenaza. Los etólogos hablan, en este caso, de conducta de imposición.

Imposición: significa enseñar los dientes sin voluntad de utilizarlos necesariamente; parecer mayor de lo que realmente es erizando el pelo, alzando la cabeza, elevando las orejas, tendiendo las patas y levantando la cola rígida y recta. Además se ofrece al adversario el costado y se le mira fijamente. Un encuentro de estas características permite establecer sin lucha la jerarquía entre dos perros. Al llegar aquí me gustaría hacer una reflexión. Si para un perro el tamaño implica importancia y amenaza, ¿qué impresión le producimos nosotros? Según las razas, nuestro tamaño dobla y hasta sextuplica el suyo. Por este motivo aconsejo al dueño de un perro no hacer valer conscientemente su estatura para dominarlo, aunque por otra parte le servirá para arreglárselas mejor con un perro dominante. Con frecuencia el hecho de que un perro muerda se debe a que el hombre está echado y a que, por tanto, no cuenta con la superioridad de su estatura.

Los gestos de sumisión: representan exactamente lo contrario de la conducta de imposición; el perro se resiste a moverse en dirección alguna. Entonces todo -la cabeza, las orejas, la cola- se cae y el pelo se aprieta. El perro rehúye la amenaza y desaparece en cuanto puede.

El lenguaje de las orejas

El mejor modo de conocer el estado de ánimo del perro y sus intenciones es a través de sus orejas, sobre todo tratándose de perros que por su propia naturaleza tienen las orejas erguidas. No obstante, también un Spaniel o un Basset, que las tienen caídas, pueden expresar cosas con sus orejas. En este caso:

- las orejas tiesas indican actitud de vigilancia, de atención y de confianza en sí mismo;
- las orejas dirigidas hacia delante o vueltas a un lado indican disposición al ataque o gran atención, aunque se deberá tener presente el conjunto de los gestos del perro;
- las orejas dirigidas hacia atrás o planas indican inseguridad.

El lenguaje de la cola

Dos "almas" conviven en el pecho del perro cuando ladra con las orejas tiesas y a la vez mueve la cola, por ejemplo tras el seto del jardín. Defiende un territorio, pero a la vez quiere mostrarse amistoso. Nadie, ni siquiera él en un momento determinado, conoce su reacción final.

En general se puede afirmar que:

- cuanto más seguro de sí mismo es un perro, más movilidad tiene su cola y más libremente oscila y se mueve de un lado a otro;
- si la cola está tiesa e inmóvil, el perro es reservado, cauteloso y hasta miedoso. Un perro así puede llegar a morder por miedo;
- un perro con la cola encogida es un perro más bien sumiso, exceptuados los galgos, en los que esta posición está condicionada por la raza.

Sin embargo, no deben confundirse las contracciones convulsivas de la cola con el movimiento normal de la misma. Una cola erguida significa excitación dirigida hacia delante. En este caso, hay que interpretar también la cara del perro. Una mímica inamistosa y una cola levantada y en movimiento quieren decir: "¡atención!". Otros signos que vienen a indicar lo mismo es el erizamiento del pelo, sobre todo el de la rabadilla.

La base de la amistad entre el hombre y el perro es la relación armónica y llena de confianza, tanto si se trata de un perro en miniatura como de un perro grande.

La posición dominante, la jerarquía y el sexo se descubren olfateando la nariz (superior) o la ingle (derecha).

El lenguaje del pelo

Otra herencia de su época de lobo es la facultad de erizar el pelo. Donde más claramente se observa este fenómeno es en la rabadilla y a lo largo de la columna vertebral. Cuando el pelo de estas zonas aparece rizado, es que el perro está excitado o que quiere decir "hasta aquí y no más". El "más" daría lugar a un gruñido hondo. Los lobos hacen lo mismo con los pelos de su cara, que al erizarse pueden llegar a constituir una máscara realmente amenazante. Los pelos erizados y la cola levantada forman parte de los gestos de amenaza. Si la cola cae perpendicularmente, el aspecto general deja de ser de una amenaza; el perro está inseguro.
El gesto absoluto de sumisión se produce cuando el perro está además tendido de espaldas.

Cómo se conocen los perros entre sí: el contacto nasal

Cuando se encuentran dos perros, aunque se trate de su primer encuentro, se hacen su representación recíproca con la nariz. Ambos se acercan entre sí con el hocico hacia delante hasta que sus narices llegan a tocarse. Entonces

olfatean y comprueban si pueden "olerse". Tras este control olfatorio aparece una actitud amistosa o de rechazo. Los etólogos designan este saludo con el nombre de "contacto nasal".
Para que este proceso de conocimiento se desarrolle adecuadamente es preciso que los dos perros sean normales y que mantengan con los otros perros una relación sin trabas. El dueño de un perro deberá acostumbrarlo desde cachorro a este tipo de encuentros para que aprenda y observe las normas.

Tras el contacto nasal, un perro seguro de sí mismo se deja olfatear el rostro anal con la cola levantada.

El cachorro entra en contacto con un perro de mayor categoría (superior) lamiendo sus labios. Esta cara significa: "¡no te acerques!" (izquierda).

Ahora bien, si se le priva de todo encuentro y, por tanto, se le impide el contacto con sus congéneres, no es de extrañar que más adelante el perro se resista a conocer a otro perro. Éstos son los perros que por miedo rehúyen los contactos nasales y los olfateos, o se lanzan ladrando y gruñendo contra cualquier congénere.
Hay que dejar a los cachorros que entren en contacto con casi todos los perros; el peligro que corren es mínimo. De hecho, no todos los perros adultos muestran una actitud amistosa con los cachorros. En estos casos, habría que hacer las averiguaciones oportunas antes de llegar a una experiencia negativa en la edad decisiva.

La comunicación a través del olfato

Suelo decir que "el perro huele el mundo", por lo que dispone de un lenguaje olfativo a través de la nariz que se nos escapa (v. p. 71). Me he referido a él al hablar del encuentro entre perros. La experiencia se repite en los paseos de todos los días, cuando el perro no

deja de olfatear y el macho no deja de levantar la pata. Todos los amigos de los perros y cuantos los conocen bien admiten la necesidad de hacerlo. Impedir que un perro levante la pata significa restringir el comportamiento propio de la especie.
Cuando el macho levanta la pata no lo hace sólo para aliviar su vejiga, sino sobre todo para transmitir a otros perros señales olfativas. Para ello, el macho dosifica cuidadosamente su orina. Los etólogos hablan en este caso de "marcación" plástica, pues sirve en primer término para establecer los límites del territorio propio y para darlos a conocer mediante el olor a los demás perros. Además de delimitar el territorio propio, indica que "estuvo allí" y también que el mayor es el que más levanta la pata.
¿Por qué olfatea el perro? Un perro olfatea y olisquea lo mismo que una persona contempla el paisaje o lee el periódico. En efecto, realiza la experiencia de su mundo a través de la multiplicidad de sus impresiones olfatorias, lo "lee" a través de la nariz, y todos los rastros de su entorno tienen para él un valor informativo. Si se trata de rastros de orina, el macho cubrirá la marcación anterior con la marca de su olor. Además hay hembras dominantes que hacen lo mismo. Los perros se perpetúan sobre todo allí donde otros lo hicieron con anterioridad. Esta captación y esta emisión de mensajes olfativos son muy importantes para todos los perros, sobre todo para los machos. Exagerando un poco se puede decir que, impidiéndolas, ocasionamos al perro daños psíquicos.

Los perros aprecian olores que el hombre considera molestos. Y como tienen muy buen olfato, los perciben hasta en las concentraciones más pequeñas. Para el perro, el hombre está rodeado de olores que llaman su atención. También ésta es una forma de comunicación y de contacto.

El mejor marcador del barrio

Zar era un Terrier de caza, un perro seguro de sí mismo y bonito. Generalmente se desplazaba corriendo, como si su energía le impidiese andar normalmente. Cuando levantaba su pata, se convertía en un perro de circo. No había ninguna señal suficientemente alta como para que no pudiera orinar sobre ella. De vez en cuando, se balanceaba sobre sus dos patas al encontrarse frente a un perro grande y, en ocasiones, llegaba a saltar sobre sus patas posteriores a una pared alta para poder así descargar su orina. Era, con mucho, el mejor marcador.

Cavar y escarbar

La acción de enterrar huesos y trozos de carne tiene su origen en el pasado lobuno, cuando se trataba de garantizar el suministro y forzar la descomposición de la carne. Aunque el perro ya no tiene por qué hacer reservas de carne, todavía conserva esta forma de comportamiento. Así, sigue enterrando en el jardín los restos de carne y los juguetes. Utiliza la nariz para tapar los hoyos con la tierra escarbada. Estos mismos movimientos se repiten también en la vivienda (arañando el suelo).

Durante su período de celo las hembras desprenden sustancias olorosas que atraen a los machos cercanos y lejanos.

El perro y el celo

Es éste un capítulo más bien triste, sobre todo para los machos. En efecto, en su caso las necesidades sexuales no se limitan a un determinado espacio de tiempo, sino que persisten a lo largo de todo el año. Generalmente el hombre impide el apareamiento, o bien decide el apareamiento de dos perros que, por sí mismos, no se elegirían necesariamente el uno al otro.

Sucedáneos contra la frustración sexual

Puede suceder que un perro considere a una persona como su pareja sexual y que intente aparearse con él. O bien que monte a un macho joven o de rango inferior.

La acción de montar es un sucedáneo y no tiene nada que ver ni con la sodomía ni con la homosexualidad. Es simplemente el intento del perro de satisfacer sus necesidades, o de hacer una demostración de dominio.

La acción de agarrarse a las piernas puede ser realmente molesta. El perro se agarra a las piernas del hombre con sus patas delanteras y realiza movimientos enérgicos. Interrumpa inmediatamente el comportamiento del perro, distrayéndole, por ejemplo, con un juguete. En este caso los castigos severos están totalmente contraindicados; generalmente basta con una reprimenda.

El macho y la hembra en celo

Cuando un macho huele a una hembra en celo se excita. Una señal segura de que el perro ha olido la orina de una perra en celo es que olfatea reiteradamente la marca olorosa, levanta la cabeza una y otra vez, fija la vista mudo y concentrado en una lejanía imprecisa y castañetea con los dientes; el mensaje químico es muy fuerte. Es el momento de sujetar bien la correa, pues hasta el perro mejor educado y más familiar trata de acercarse a la "amada desconocida".

En primavera, cuando coinciden los períodos de celo de las perras próximas y lejanas, los machos están particularmente excitados. Están inquietos y tratan de acercarse hasta una de estas perras. Para ello excavan bajo los setos, saltan o trepan sobre ellos, se escapan por la puerta de la casa y desaparecen durante los paseos, cosas todas ellas en las que nunca habían pensado. O bien, aúllan lastimeramente.

Unas palabras para los dueños

Si no está dispuesto a liberarla del período de celo mediante un tratamiento hormonal (v. p. 60), lo mejor que puede hacer el dueño de una perra es pasar lo más desapercibido posible. Se trata de sacarla de casa en brazos (si pesa mucho en coche) y de llevarla hasta un lugar inaccesible para los machos en el que pueda aliviarse. En efecto, sólo cortando su rastro hasta la casa se consigue que los machos no estén al acecho delante de la puerta.

Dos que se quieren y que se abrazan estrechamente.

No deja de ser una falta total de consideración dejar a las hembras sueltas en este estado. Independientemente de que en un determinado momento la perra se escape y callejee para encontrar un macho dispuesto a aparearse con ella, este hecho obliga al dueño de un macho a seguir el sinuoso rastro de la hembra con un animal que tira violentamente de la correa.

El período de celo de la perra se presenta dos veces al año, generalmente en primavera (de enero a marzo) y en otoño (de agosto a octubre). Las excepciones son numerosas; las perras pequeñas tienen un período de 4 meses y las grandes lo tienen de 8, en tanto que las hembras Basenji sólo están en celo 1 vez al año. El celo presenta tres fases:

- precelo, con pérdida de sangre, de aproximadamente 10 días de duración;
- celo alto, de unos 10 días de duración, con disposición al apareamiento;
- postcelo, declinante.

La hinchazón de los labios y de la vagina es signo de celo. La perra establece sus marcas con arroyuelos de orina y se interesan por ella machos desconocidos.

En un coito normal, el apareamiento entre la hembra y el macho dura entre 10 y 45 minutos. Los músculos vaginales sujetan firmemente los cuerpos cavernosos del pene. El tiempo en que

Los cachorros encuentran en sus hermanos calor y seguridad.

el macho y la hembra permanecen indisolublemente unidos entre sí es de unos 15 minutos, y se designa con el nombre de acoplamiento. Una vez deshecho el abrazo, ambos miran en direcciones opuestas. Todos los intentos de interrumpir artificialmente el acoplamiento son brutales, y pueden causar lesiones graves en ambos animales.

La perra es madre

No describo este hecho pensando en dar instrucciones a los criadores aficionados, sino en informar a los dueños de un perro sobre la preñez de la perra y sobre el nacimiento de los cachorros. Como ninguna perra tiene que tener necesariamente cachorros por motivos de salud, hay que evitar a todo trance las descendencias no deseadas. Cada uno de nosotros puede contribuir a que la cría de perros se atenga a criterios de responsabilidad -es decir, de limitación-. De no ser así, existe la posibilidad de que el veterinario interrumpa el embarazo poniendo a la perra una inyección entre los días primero y quinto tras el "desliz".

Para la llegada de los cachorros hay que contar con 60 días de preñez por término medio. No es infrecuente que los cachorros nazcan antes. Comente el nacimiento con el veterinario o con quien tenga experiencia en este campo, y consulte la bibliografía correspondiente (v. p. 155).

Preñez y nacimiento

Si la perra ha quedado preñada, el veterinario o un criador experimentado podrá percibir la existencia de cachorros entre los días 22 y 28 o comprobarla con un ecógrafo. Tras la quinta semana el vientre se abomba y, en general, el nacimiento se produce entre los días 60 y 63 (casi siempre a las 3 de la mañana, según las estadísticas).

Durante el embarazo debe procurar vacunar y tratar con vermífugos a la perra, cuidarla y proporcionarle los mejores alimentos desde el punto de vista cualitativo. Hay que preparar un cajón para la camada y habituarla a él.

Después de jugar existe la posibilidad de relajarse y de adormecerse tranquilamente sobre el lomo materno.

El dueño de la perra decidirá si es capaz de asistir al parto sin recurrir a ayudas ajenas. Unas 24 horas antes de iniciarse las contracciones, la perra estará intranquila, empezará a jadear y se retirará al cajón de la camada. Pero todavía pueden pasar varias horas antes de que nazcan los cachorros. Hay que mantener la calma durante todo este tiempo; la perra lo necesita y huele el posible pánico de su dueño. El nacimiento de la primera cría es el que más dura; las crías siguientes nacen con intervalos más cortos (de media hora, más o menos). La misma perra corta el cordón umbilical de los recién nacidos y se come la placenta. No se le debe impedir hacerlo, pues de este modo la perra ingiere sustancias que aceleran el parto. Mientras la perra está tranquila, el parto transcurre con normalidad.

El número de las crías difiere mucho de unas razas a otras y se sitúa entre la unidad (Yorkshire Terrier) y la docena (Beagle).

Tenga a mano el número de teléfono del veterinario en el caso de que el parto se detenga o presente complicaciones.

1 **Los cachorros encuentran la ubre de su madre gracias a su sentido del olfato, que está totalmente desarrollado. Cada uno de ellos "lucha" por su pezón.**

2 **El cachorro deja feliz y satisfecho que su madre le lama el vientre. Esta acción favorece la digestión.**

3 **Lamiendo su hocico, los cachorros piden a su madre que les dé de mamar.**

Desde el encuentro hasta la pelea entre perros

Cuando dos perros coinciden en una calle, en un parque o en un local, el encuentro se desarrolla invariablemente según el mismo esquema.

El encuentro

Cuando dos perros se encuentran se acercan el uno al otro con el hocico extendido hacia delante hasta que sus narices llegan a rozarse. Entonces

Cuando la socialización es deficiente, el juego puede convertirse en algo serio.

se huelen recíprocamente. Tras este contacto nasal (v. p. 81), se colocan en paralelo y se huelen la parte trasera. Mientras muevan alegremente la cola no hay nada que temer.

Los perros inseguros mantienen la cola entre las piernas y evitan el contacto visual con sus congéneres en este tipo de encuentros. El hecho de que a uno de ellos se le ericen los pelos de la espalda no significa que esté dispuesto a luchar. Para poder afirmar una cosa así hay que tener en cuenta la totalidad de los gestos. Cuanto más seguro es el otro, más tranquila será la situación.

Si los dos perros se sienten igualmente fuertes y de la misma categoría, y uno de ellos deja de mover la cola, el otro atiesará su cola y erizará su pelo, como queriendo decir que aquello no le gusta. Ambos empiezan a moverse lentamente en círculo uno alrededor de otro y pueden atropellarse con sus espaldas. Si uno de ellos baja la cola tapando su región anal está indicando que no quiere broncas y todo queda en agua de borrajas. El otro es de superior categoría. De aquí puede surgir una "amistad canina".

Agresión incipiente

Si ninguno de los dos cede y los perros adoptan una posición en "T" -uno se coloca en diagonal delante del otro-, puede producirse una pelea, en la que el perro del trazo transversal de la "T" está a la defensiva (y el del longitudinal a la ofensiva).

La pelea será inevitable si los perros no son separados a tiempo. Por terrible que parezca generalmente no suele ser muy encarnizada, aunque esto sólo sucede cuando los dos han aprendido a tratar con otros perros y observan las leyes del comportamiento canino. Por el contrario, una pelea descontrolada a dentelladas entre perros de instinto débil puede ser muy sangrienta. Cuanto más ruidosa sea una pelea, menos peligrosa será. Generalmente, cuando los perros se atacan con los dientes, las heridas se limitan a los belfos.

Cuando luchan dos perras entre sí, muchas veces el enfrentamiento es más peligroso para su integridad física que si se tratara de machos (estos últimos pretenden más bien imponerse).

El final de la pelea

La pelea concluye cuando uno de los perros se somete o renuncia, siempre que se trate de perros de instinto seguro. Los dueños de los perros únicamente pueden suspender la pelea separándolos al mismo tiempo. La mejor manera de hacerlo consiste en agarrarlos por las patas traseras, tirando de ellas simultáneamente. Entonces corren el peligro de ser mordidos por su animal favorito. No es cuestión de guardarle rencor; cuando pelean, los perros están como en trance: no oyen ni huelen nada y sólo están para su rival.

Impedir la pelea

Cuando los perros se encuentran en la posición en "T", todavía es posible impedir la pelea. Para hacerlo no hay que apartarlos del encuentro, pues entonces existe el peligro de que la pelea comience inmediatamente. En su lugar, se procede a separarlos uno de otro; la situación y la obediencia del perro determinarán el tipo de intervención de su dueño.

El perro de categoría superior coloca su cabeza sobre el lomo del jerárquicamente inferior.

1

2

3

Los perros atados ocasionan con frecuencia más peleas que los habituados a los encuentros individuales con otros perros. Gracias a la correa, que considera como una especie de prolongación del brazo de su dueño, el perro se siente mucho más fuerte. De todos modos, esta sensación le sirve de muy poco cuando en los parques, que son los lugares en que realmente se encuentran los perros, se impone la obligación de la correa. Los encuentros de dos perros terminan muchas veces con los dos animales levantando la pata. Es algo que forma parte del ritual y reafirma la conciencia de sí mismos. Su dueño no debería privarles de esta oportunidad cuando vayan atados.

Observaciones sobre los contactos entre perros

- Cuanto más congéneres conozca el perro, con más libertad y naturalidad actuará.
- Los perros no muerden a la primera ocasión; primero amenazan y "hacen teatro".
- Hay razas de perros, como el Fox Terrier y el Bull Terrier, que se retraen ante los demás perros. No quieren importunar.
- Nada mejor que las relaciones entre perros; media hora de juegos comunes supone tanto movimiento y acción como 2 horas de paseo.

Las reglas de los encuentros caninos

En el mundo de los perros los encuentros están sometidos a unas leyes claras y precisas:

- El perro que haya tenido un contacto nasal, la siguiente vez deberá mover la cola al otro, lo cual significa "Hola, amigo", o gruñir, lo cual equivale a "Déjame en paz". El reconocimiento es producto de su extraordinaria memoria olfativa. Su dueño no puede influir en que el otro perro le guste o no. Tampoco logrará descubrir los motivos.
- Los perros grandes o muy conscientes de sí mismos disponen de la posibilidad de ignorar a algunos de sus congéneres, y de pasar junto a ellos como si no existieran.
- La acción de oler el trasero es el paso siguiente al contacto nasal. Este control anal es totalmente natural, pues las glándulas anales, que facilitan a un perro información sobre sus congéneres, están debajo de la cola. Los etólogos hablan en estos casos de "rostro anal", y un perro que se lo ofrece a otro perro libre y abiertamente levantando la cola, es un perro consciente de sí mismo.
- Una perra sólo en contadas ocasiones permite que un macho le controle su rostro anal.

El orden jerárquico de los perros determina cuál de ellos ha de efectuar "el control del pasaporte". En efecto, la jerarquía social desempeña una función muy importante en la población canina y se mantiene no sólo en la convivencia continua, sino también en los encuentros ocasionales.

1 Los perros de la misma categoría empiezan moviéndose en círculo.

2 Si ninguno cede, se pasan a la posición en "T".

3 Con frecuencia una pelea entre perros parece más violenta de lo que realmente es.

La educación del perro

Como animal de manada, la disposición a subordinarse y a ocupar el lugar que le corresponde es innata en el perro. Es preciso aprovecharla para educarlo ya desde su fase de cachorro. Es algo que le da seguridad y que le facilita su integración en el grupo.

Curso básico para educadores

Hay muchos libros sobre educación canina con puntos de vista diferentes. En este manual me limito a los ejercicios básicos más importantes. En general se puede decir que, cuanto antes se empiece a trabajar con el perro, mejor y más fácil será su educación. Las primeras experiencias que tiene un perro con un hombre serán decisivas para toda su futura vida.

Entre los hombres el secreto está en entenderse entre sí, en ser tolerantes y amables con los demás y en ceder de vez en cuando. En la educación canina la autoridad y la claridad son el secreto del éxito. Al hablar de autoridad pienso en la superioridad natural de un líder que lógicamente insiste en que se cumplan sus órdenes, siempre en el marco de una combinación de tacto amable y rigor estricto, que culminará en cualquier caso en el elogio.

En todos los ejercicios de adiestramiento deberá reinar un ambiente agradable. De ahí que el dueño de un perro deberá tener las siguientes cualidades, además de autoridad:

Mucha paciencia: por muy duro de mollera o distraído que sea el perro, su dueño nunca podrá perder los nervios ni las ganas, y deberá disfrutar con cada ejercicio.

Constancia: hay que repetir los ejercicios hasta que se dominen realmente. Sólo el dueño del perro puede dar por concluido un ejercicio. Los ejercicios deben repetirse una y otra vez, y más adelante en forma de ritual.

Cordialidad: durante los ejercicios el ambiente ha de ser de armonía y de cordialidad, lo cual no quiere decir que al perro se le permita todo.

Distensión: realizando los ejercicios distendida y sosegadamente, salen mejor.

Educación de la voz: el dueño de un perro debe educar en cierta medida su voz, como si fuera a superar una prueba en la escuela de arte dramático. Háganse los ejercicios correspondientes hasta conseguir transmitir las órdenes, los elogios y las recriminaciones en un tono que el perro pueda entender. Así sabrá si su dueño o su dueña están decididos, contentos o descontentos con él. Utilícense siempre las mismas palabras. Para los elogios, la voz debe sonar siempre cordial.

Control de los movimientos: es muy importante, pues los perros son maestros en la comprensión del lenguaje corporal. La no coincidencia del lenguaje corporal con la orden verbal crea inseguridad en el perro.

Las predisposiciones del perro

Aprender jugando: he aquí el secreto del éxito en todos los seres sociales. Los perros aprenden gustosamente para su vida. La naturaleza les ha dotado de predisposiciones que facilitan su adiestramiento para la docilidad, y que explican por qué son nuestros animales domésticos favoritos. Están:

- el instinto grupal, la tendencia a sumarse a un grupo;
- la disposición a la sumisión, que explica la convivencia dentro del grupo (como sucede entre los lobos, el perro se somete primero a su padre y después al jefe de la manada, función que en sus expectativas asume y debe desempeñar su dueño);
- la disposición a ocupar el puesto que se le ha asignado dentro del grupo (familia) y a volver siempre al grupo;
- una facultad de percepción de funcionamiento óptimo;
- atención vigilante;
- mucha inteligencia;
- memoria precisa (un perro sólo puede relacionar entre sí acontecimientos en sucesión directa);
- el cariño y el afecto que el perro siente por su dueño lo convierten en un alumno muy motivado y constituyen la base de su adiestramiento.

El elogio como base

Tanto tratándose de cachorros como de perros adultos, durante los ejercicios de adiestramiento debe reinar la armonía entre el hombre y el perro. Cuanto más distendido esté el primero, más dispuesto a aprender se mostrará el segundo. El elogio forma al perro, lo motiva y lo hace feliz. Durante los ejercicios los elogios deberán ser exclusivamente verbales; las caricias distraen al perro y lo alejan del ejercicio. Como ya he dicho, el elogio debe ser claro y sonoro.

El perro y su educación

Observaciones sobre la educación del perro

✔ Utilice una entonación adecuada y transmita señales auditivas una sola vez.

✔ Emplee señales auditivas sencillas y siempre las mismas.

✔ Refuércelo en el momento oportuno con elogios o correcciones.

✔ Acompañe la voz con golosinas.

✔ Exija en los ejercicios sólo lo que se puede conseguir directamente.

✔ Es mejor reforzar con elogios y golosinas el comportamiento que ha sido requerido, que castigar el indebido.

✔ La reprimenda, cuando sea inevitable, debe tener lugar en el momento preciso para que el perro la comprenda.

✔ Frecuente los grupos de juego para cachorros organizados por los clubes caninos, donde además de recibir sugerencias para realizar correctamente los ejercicios y tratar adecuadamente al perro, se consigue que el cachorro aprenda a explorar situaciones desconocidas en compañía de coetáneos suyos.

Para las órdenes, tonos precisos

Las órdenes deben transmitirse claramente, separadas del elogio y de las voces de aprobación. El hecho de formularse con palabras de escaso cuerpo -"ven", "fuera", "aquí"- exige una tonalidad clara y unívoca. Las órdenes deben ser serias y deben sonar como tales. En las relaciones entre el hombre y el perro no debe figurar la expresión "por favor".

Aunque la mesa es tabú, existe al menos la posibilidad de asomarse a ella.

La desaprobación debe ser tajante

La desaprobación ha de ser tajante y debe formularse en un tono seco y cortante. Se utiliza para reforzar de manera negativa un comportamiento, y las palabras deben ir de la mano de un estímulo negativo (por ejemplo, del sonido de una lata o del bozal).

¿Castigos? Cuando se trata de quitar una costumbre al perro, habrá que pasar por alto el comportamiento indebido o encontrar una situación que le indique que las consecuencias desagradables tienen su origen en una acción no permitida. Se puede engañar al perro, controlando los gestos y movimientos propios y callando. Castigos tales como los golpes, las sacudidas por el pescuezo o los giros bruscos de espaldas deberían ser cosa del pasado. Lo mejor es actuar inmediatamente, cogerlo por el hocico mientras se le dice "no". Si la reprimenda tiene que ser más fuerte, se le coge por el cuello y se le presiona suavemente contra el suelo.

Las fases evolutivas de los cachorros

Para conseguir una buena educación, es preciso realizar determinados ejercicios en ciertos espacios de tiempo, concretamente en las fases evolutivas del cachorro, en las que queda marcado para toda la vida. Fue ésta una aportación de los investigadores J. P. Scott y J. L. Fuller, cuyos estudios desarrolló y popularizó Eberhard Trumler. Tan importantes como el aprovechamiento del primer año de vida para la educación, son las 10 primeras semanas que el cachorro pasa con su madre y con su adiestrador.

De ahí que a la hora de comprarlos haya que procurar:

- que los cachorros vivan en un entorno similar al que encontrarán con su nuevo dueño;
- que los perros se críen en un ambiente de tranquilidad y no vivan en un entorno estresante;
- que los cachorros mantengan mucho contacto con el hombre.

De la semana 8 a la 16: fase de socialización

Este tiempo, en el que el cachorro entra por primera vez en casa, es muy importante para su posterior comportamiento social con el hombre y con los demás perros. Debe disponer de suficientes ocasiones para realizar experiencias positivas con ellos. De ahí la necesidad de acudir con él a los juegos organi-

Durante las primeras semanas el cachorro queda marcado para toda su vida.

zados entre cachorros y a los campos de la ciudad destinados a los perros. Debería asimismo ver regularmente a personas desconocidas y conocer a ciclistas y corredores, aunque hay que evitar que los siga. En esta fase el aprendizaje llega casi a imprimir el carácter. Lo que el cachorro aprende en ella será para él más adelante natural. Por tanto, hay que aprovechar la ocasión de familiarizarlo con el mayor número de cosas posibles.

- Deberá dejarse coger por cualquier parte (control dental, toma de temperatura, limpieza de oídos, etc.) y conocer a su veterinario (asociado con golosinas).
- Deberá conocer a los carteros y asociarlos con algo positivo (golosinas del cartero).
- Deberá familiarizarse con los distintos electrodomésticos.
- Deberá acostumbrarse a viajar en coche y a pasear por calles de intenso tráfico.
- El programa deberá incluir también la habituación al autobús, al tren, al ascensor, a los puentes, a los distintos tipos de subterráneos, al agua y a los encuentros en la oscuridad y con otros perros.

Estas semanas representan un programa completo para el cachorro y para su dueño. Hay que evitar, en cualquier caso, el estrés excesivo. En esta fase el cachorro se familiariza con su nombre y con su sitio para dormir, aprende a ser aseado, a estar solo, a reconocer órdenes tales como "ven aquí", "siéntate", "túmbate", "suelta" y a ir atado. Los ejercicios no deben durar más de 15 minutos al día. En esta fase, la paciencia y el ser consecuente son los métodos educativos más importantes.

La fase del cachorro es un período de juego: se investiga todo.

1

De la semana 17 a la 24: conciencia del entorno

Es un período crítico. El perro comprende el espacio en que vive y reacciona a los cambios con nerviosismo y temor. No es el momento de enseñarle cosas nuevas, sino de profundizar en lo ya aprendido.

El perro empieza a ser autónomo entre los meses quinto y sexto (20-24 semanas); tras la fase preparatoria ha adquirido la "madurez escolar" y necesita una mano firme y más paciencia todavía. Ahora se le enseña a ir atado a la correa haciéndole dar la vuelta, a pararse y a ponerse en un sitio (v. p. 96). Acuda a una escuela canina; es más fácil aprender con los demás.

De los meses 6 al 12: fase de pubertad

En esta fase el perro se comporta con impertinencia. Trata de olvidar cosas "aprendidas", de rebelarse y de comprobar si su dueño es realmente su jefe de manada. Si no se le enseña ahora a obedecer incondicionalmente, será un perro mal educado.

A partir del séptimo mes, el macho levanta la pata y la hembra puede atravesar su primer período de celo. En teoría el perro, tanto si va atado a la correa como si anda suelto, deberá obedecer las órdenes de su dueño.

Acabo de señalar brevemente todo cuanto hay que enseñar a un cachorro. En cualquier caso lo

cierto es que cuanto antes comience su educación, más fácil resultará tanto para el perro como para su dueño, y mayor dominio tendrá éste a lo largo de su vida de cuanto haya aprendido. Tampoco es cuestión de desalentarse por haber tenido que adquirir un perro de cierta edad. Los perros siguen siendo capaces de aprender hasta edades muy avanzadas, y nada impide que se les enseñe a ir atado sin dar tirones ni estirones.

1 En la fase de socialización hay que procurar que el cachorro mantenga contactos con los perros adultos.

2 El cachorro descubre con curiosidad todo cuanto le ofrece el mundo.

3 Jugando con otros perros, el cachorro aprende modos de comportamiento propios de la especie, como el dominio y la sumisión.

Cuando la relación entre el hombre y el perro es armónica, el cachorro acude gozoso a la llamada.

La educación del cachorro

Recogida y habituación: hay que acudir al criadero donde se va a comprar el cachorro por lo menos en dos ocasiones: al elegirlo y al recogerlo. Mucho mejor si entretanto se visita al cachorro y se juega con él. Entrará en casa con 8 ó 10 semanas.

Si se va a recogerlo con el coche, habrá una segunda persona que conduzca mientras el dueño se ocupa de él. Procure que el viaje en el coche sea tranquilo; hay que evitar que, además de separarse de su madre y de sus hermanos, el cachorro esté asustado por el coche. Vienen muy bien una manta impermeable y un paño de la perrera para que lo vaya oliendo camino de casa.

Durante las primeras noches hay que actuar estrictamente; el cachorro tiene que acostumbrarse a dormir en su sitio, en el que le ha reservado su dueño. Si ladra, se le tranquiliza y se le acaricia un poco, pero sin permanecer mucho tiempo a su lado. Tras unas noches inquietas, la habituación seguirá su curso natural. Para la prevención sanitaria del cachorro consulte "El perro enfermo", p. 57.

Adiestramiento en los hábitos de aseo

La limpieza y el aseo es lo primero que debemos enseñar a un cachorro, pues para la convivencia es muy importante que el perro no haga sus necesidades en la vivienda. Ser un perro aseado significa no sólo que evacúa en sus paseos o en el jardín, sino también que da a conocer las urgencias que se le presentan entre horas.

Pasarán unas 6 semanas antes de que el cachorro esté adiestrado en este sentido. Semanas estrictas. Como el estómago lleno ejerce una gran presión sobre la vejiga, es preciso sacar a pasear al cachorro inmediatamente después de las comidas. Hay que llevarlo hasta un lugar con césped o con suelo blando, donde hayan estado ya otros perros. Insistiendo en el "sitio habitual", pronto comprenderá lo que se espera de él.

También hay que dar tiempo al cachorro y procurar que orine y defeque. Si entonces su dueño le dice "¡caca!" o "¡pipí!", el perro sabrá más tarde qué se le quiere decir. No cabe impacientarse cuando en casa el perro hace lo que no ha hecho fuera. Aunque se disponga de jardín, déjele que haga sus necesidades atado. Así se acostumbra y más adelante podrá ser controlado. Dedíquele un elogio entusiasta y cariñoso tras cada deposición bien realizada, pero nunca antes de terminarla.

Cuando el cachorro está en guardia o intranquilo, su dueño deberá salir inmediatamente con él a la calle para que haga sus necesidades.

La vinculación será tanto más estrecha cuanto más se ocupe el dueño del cachorro.

El cachorro lo relacionará con algo positivo si su dueño le ofrece una golosina al ponerle la correa.

Durante la noche el lecho del perro deberá estar cerca de la cama de su dueño, para que éste le pueda oír cuando se despierte. Esto significa que hay que levantarse otra vez y darse prisa.

Si lo hace en la casa y su dueño estaba en ella, o bien éste no fue suficientemente rápido o bien no cayó en la cuenta de las indicaciones del perro (oler el suelo, girar en círculo en actitud de búsqueda), no se le debe castigar por ello. Bastan un grito fuerte y unos golpes con la mano. Entonces se saca inmediatamente al perro a la calle.

Se retira el "accidente" sin comentarios y se limpia el lugar con un desinfectante o con agua con vinagre, cuyo olor quita al cachorro las ganas de repetir la operación en el mismo sitio. Ya ha pasado a la historia el castigo consistente en introducir la nariz del cachorro en su propio charco.

Enseñarle a estar solo

Para enseñarle a estar solo basta con dejar solo al cachorro cada día durante unos minutos, y ampliar progresivamente sus ratos de soledad. Su dueño no entrará de nuevo en la habitación más que cuando el cachorro esté tranquilo; de

lo contrario pensará que le hacen volver sus gemidos, por lo que se le estaría enseñando a gemir.
Lo ideal para los primeros ejercicios es un cachorro que esté saciado y cansado y que no tenga necesidad de salir.

Habituación al collar y a la correa

El adiestramiento básico de los hábitos de limpieza ha puesto en contacto al cachorro con el collar y con la correa. Para él, el collar es un cuerpo extraño molesto del que le gustaría desprenderse. La correa limita su libertad de movimientos; con ella tirará hacia delante y se resistirá hacia atrás. No obstante, tiene que aprender a llevar y a soportar las dos cosas, pues sólo podrá andar suelto el perro que obedezca las órdenes. Para acostumbrar al perro al collar, se comienza poniéndoselo durante un corto espacio de tiempo; lo mejor es hacerlo mientras juega o mientras come, pues está distraído con cosas gratas. La correa se le pone cuando ya se ha acostumbrado al collar.
Los primeros ejercicios con correa deben realizarse en un lugar de la casa o del jardín con el que el cachorro esté familiarizado. El dueño debe dejarse conducir y limitarse a elogiarlo, sin tirar de él. Si en este momento alguien tiene que tirar es el perro. El truco está en que el perro tenga la impresión de que no son ni su dueño ni la correa los que tiran de él, sino que es él el que lo hace por haberse empeñado.
Observación: ni el collar ni la correa son juguetes y no se debe dejar que el perro los mordisquee.

Una correcta educación

"Docilidad a la correa"

Quitarle a un perro la costumbre de tirar de la correa es muy difícil y a ello debería tender cualquier forma de educación. El perro tiene que saber que estar atado significa estar junto a su dueño. El dueño debe reaccionar (quedándose quieto o cambiando de dirección) en cuanto el perro tire de la correa, aunque sea suavemente. Así su perro tendrá que volverse hacia él, y, tras recibir el correspondiente elogio, seguirá su camino.
Si se asocia el estar atado de una manera cómoda a una señal auditiva (por ejemplo, "despacio"), el perro no tardará en reaccionar adecuadamente.
También se puede quitarle rápidamente la costumbre de tirar de la correa utilizando una cabezada (v. p. 99).

El Téckel que muerde

Un matrimonio joven se hizo con un Téckel, que no tardó en defender su comida gruñendo. Después les mordía cada vez que intentaban quitársela; se trataba de un comportamiento absolutamente natural. El error del matrimonio consistía en no haber sabido señalar al perro a qué miembro de la familia le correspondía el rango superior. En una manada, el individuo de rango superior puede quitar la comida a otro de rango inferior, como se ha hecho ver repetidamente mediante castigos. El Téckel, que no había sido castigado y muy consciente de sí mismo, se buscó su propio lugar para dormir, primero debajo, y después en la cama de su dueña. En adelante el marido ya no podía ni siquiera acercarse a ese lugar, pues el perro le mordía. El matrimonio estaba desesperado, hasta que el veterinario le explicó la manera de neutralizar con castigos la dictadura de su Téckel. Lo consiguió en sólo 2 semanas. Desde entonces, el perro y la familia conviven pacíficamente.

"Ir atado"

El perro debe ir a la izquierda de su dueño. Si sujeta la correa con la derecha, el perro se situará a su izquierda. Procure llevar una golosina en la mano derecha y motivar al perro haciendo que la huela. Es el momento de ponerse en marcha; a la orden de "al lado", el perro le acompañará alegremente. Se elogiará su comportamiento, pero sin reducir el ritmo.
En este caso da igual que "sus patas delanteras estén a la altura de las piernas de su dueño", como se dice en los manuales de adiestramiento. Lo importante es que corra alegremente, sin tirones.
Unos metros después el dueño se para, ordena al perro que se siente y le recompensa. El ejercicio se repite a lo largo del paseo, cambiando de dirección y de ritmo, e incluso sin mediar una orden concreta. Como la correa pasa de derecha a izquierda por delante de él, el dueño puede estimular a su perro con golosinas para que le siga. Todo sucede con fluidez, por lo que el perro se divierte y acompaña alegremente a su dueño. Una vez superada esta fase, el ejercicio se amplía.

"Pararse y sentarse"

Cuando su dueño se para, el perro debe sentarse, incluso sin mediar orden alguna. Se trata de algo muy importante sobre todo al cruzar las calles.
El dueño del perro sujeta la correa con la mano izquierda y lleva una golosina en la derecha. Camina lentamente y se para. Es posible que el perro se siente sin indicárselo para poder mirar mejor hacia la golosina. Es el momento de decirle "siéntate" y de recompensarle.
Si el perro no se sienta, se tensa ligeramente la correa y se presiona hacia abajo su parte posterior sin decir nada hasta que lo hace. Entonces deberá estar en paralelo con su dueño y tener la cabeza alta. Se afloja la correa poco a poco y con cuidado a la vez que se le dice "muy bien". Tras unos segundos de espera, el ejercicio concluye con un elogio.
El ejercicio se da realmente por terminado sólo si el perro permanece sentado. En caso contrario se interrumpe con un "no" y se vuelve a empezar. Cuanto mayores sean la exactitud y rigor con que se proceda, tanto mejor se trasladará al perro el desarrollo de los ejercicios en forma de ritual (y los perros son amantes de los rituales). Este ejercicio puede apoyarse con un signo que indique sentarse; es el caso, por ejemplo, del índice levantado, que se muestra cada vez que se da la orden de "¡siéntate!".
La serie "ir-volver-pararse-sentarse" deberá realizarse en cada paseo. Para cruzar una calle, se obliga al perro a sentarse, se revoca la orden con "¡vamos!", se atraviesa la calle rápidamente con él y, al terminar de hacerlo, se efectúa de nuevo una breve parada y el perro vuelve a sentarse. Así caerá en la cuenta de que el ejercicio acaba precisamente al otro lado de la calle y estará atento.

La señal visual del índice levantado refuerza la orden de "sentarse".

El ejercicio se suspende cuando el cachorro está cansado.

1 Ésta es la correcta forma de ir cachorro y dueño juntos.

2 Se sienta cuando se le da la orden de hacerlo y se le indica con el índice.

3 Con la mano hacia delante se le indica al perro que debe tumbarse.

4 Si no acaba de hacerlo, se le obliga a pasar arrastrándose por debajo de la pierna doblada de su dueño.

"Tumbarse"

El perro que se sienta cuando se le ordena, también se tumba. La orden transmitida en este caso es la de "túmbate", aunque cuando se quiera enviarle a su sitio de la casa habría que decir "¡a tu sitio!".

El perro está sentado junto a su adiestrador, quien se acuclilla y le invita a tumbarse pasando una golosina por el suelo delante de su nariz, formula la orden elegida y elogia al perro si éste se tumba. El signo visual es el de la mano extendida hacia abajo. Cuando el perro la ha comido, se le obliga a sentarse otra vez.

Si el perro no acaba de tumbarse, se puede recurrrir al truco de la influencia pasiva. El perro está sentado delante de un taburete. Entonces se pasa la golosina por el suelo pero por debajo del taburete. Para alcanzarla, el perro no tendrá más remedio que arrastrarse bajo el taburete y así estará ya tumbado. Se formula la orden y se le da la golosina. En vez de utilizar el taburete, el adiestrador podrá obligarle a pasar por debajo de su pierna. Si el perro quiere levantarse, se le mantiene tumbado dándole otra golosina.

"Quedarse tumbado"

Del ejercicio "tumbarse" se pasa al ejercicio "tumbarse y permanecer". El perro deberá permanecer tumbado hasta que su adiestrador, que incluso puede alejarse de él, le dé la orden de sentarse o de ponerse en marcha.

El perro está tumbado según se le ha ordenado. Entonces se le hace fijar su atención sobre sí mismo, por ejemplo con una palabra de estímulo o con una golosina, y se le da la orden de "quedarse tumbado". El signo visual utilizado será el de la mano plana delante de la cara. Entonces el adiestrador se aparta del perro unos metros, se da la vuelta y vuelve otra vez a su lado. Si el perro continúa tumbado, será recompensado con la golosina. Al final se intenta que el perro se siente primero y se levante después.

El adiestrador ampliará paulatinamente este ejercicio alejándose cada vez más del perro, aunque sin superar la longitud máxima de la correa. Recurrirá al elogio, y lo practicará hasta que se desarrolle sin ningún contratiempo.

De la misma manera puede practicarse el ejercicio de "quedarse sentado".

Ejercicios de adiestramiento

Los ejercicios de adiestramiento son muy importantes, pues en las situaciones peligrosas el perro debe reaccionar a las órdenes determinantes. Además, los buenos modales hacen del perro un acompañante grato. Si obedece a las órdenes, se le puede llevar a cualquier parte, tanto a la ciudad como a un restaurante.

Durante los ejercicios no se puede prescindir del elogio cuando haya hecho algo bien. Las órdenes se revocan -lo mejor es recurrir siempre a la misma expresión, por ejemplo "¡vamos!"- obligando al perro primero a sentarse y después haciéndole correr y jugar.

La mano abierta extendida delante de la cara del perro significa "¡quieto!".

"¡Quieto!"

La orden de "¡quieto!" se da cuando el perro tiene que permanecer en una habitación y su dueño debe salir. En este caso, el perro debe ser capaz de realizar perfectamente el ejercicio "quedarse tumbado".

Adiestramiento: se hace que el perro se tumbe, tal como se indica en la p. 97. Entonces se pone la mano derecha abierta ante la cara del perro y se le ordena "¡quieto!". A continuación el adiestrador retira poco a poco su mano, se aleja del perro y anda de un lado para otro. Si el perro abandona su posición, se le hace volver al mismo sitio a la voz de "¡quieto!". Se repite el ejercicio, aumentando progresivamente la distancia del adiestrador respecto del perro, y pasando de vez en cuando por detrás de él, de forma que no pueda verlo.

Cuando el perro permanece tumbado tranquilamente, el adiestrador puede alejarse por un corto espacio de tiempo.

"¡A tu sitio!"

Con esta orden se indica al perro que vaya al cesto o al lugar que se le ha asignado y que se quede allí.

Adiestramiento: lo mejor es que el perro vaya allí por voluntad propia; entonces se le dice "¡a tu sitio!" y se le recompensa con un elogio. La orden puede combinarse con el signo visual del brazo extendido en dirección al lugar.

Si el perro se desentiende de la orden, el adiestrador lo llevará hasta el lugar y realizará con él los ejercicios de "tumbarse" (v. p. 97), seguidos de los correspondientes a "quedarse tumbado" (v. p. 97).

Al transmitir la orden de "¡a tu sitio!" el adiestrador, según la situación, variará su voz desde los tonos suaves a los enérgicos. Sujetará al perro en su sitio con la mano izquierda, de una manera efectiva al principio y simbólica después, manteniéndola libremente encima de él. A continuación se alejará del perro mientras le dice "¡quieto!" y efectúa el correspondiente signo visual con la palma de la mano.

"¡Ven aquí!"

Generalmente es muy fácil educar al perro para que secunde la orden "¡ven aquí!" de su dueño. Como el cachorro quiere estar con su dueño/dueña, basta con separarse de él y formular tal expresión. Pronto se consiguen buenos resultados.

La orden puede extenderse a otros campos, por ejemplo al de la alimentación. Mientras uno juega con el cachorro, otro prepara la comida. Entonces se le llama diciéndole "¡ven aquí!". Obviamente su dueño le elogiará si viene.

Esta orden se incluye en el orden del día, para lo cual se llama una y otra vez al perro para que se acerque, al principio sólo en la vivienda, luego también en el exterior.

"¡Suelta!"

Esta expresión se utiliza para inducir al perro a soltar siempre y sin protestar a su presa, que puede ser un hueso, un juguete o cualquier otra cosa. Se trata de algo contrario a su modo de ser, pero que puede llegar a ser decisivo en su vida. Pienso en un hueso puntiagudo, en un trozo de plástico o en un cebo

Ordenándole "¡a tu sitio!, el perro deberá ir al lugar que le corresponda.

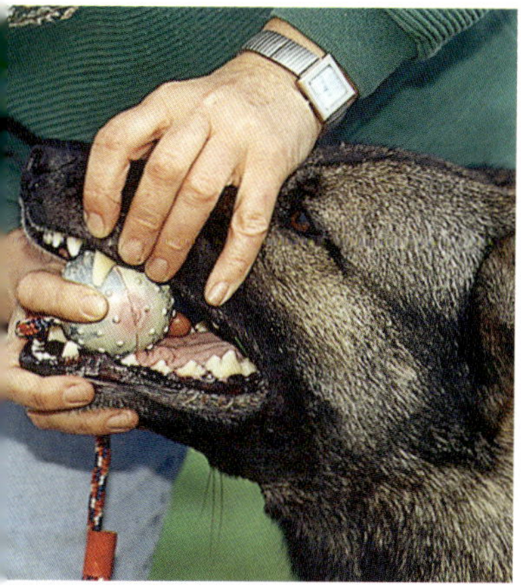

A la orden de "¡suelta!" el perro debe entregar la pelota.

envenenado. Cuanto más joven sea el perro con que se realiza este ejercicio, más fácil será lograr que suelte a la presa.

Adiestramiento: se sale a pasear con el perro y a la voz de "¡suelta!" se le quita de la boca el objeto que lleva. Si gruñe, se agarra con fuerza el hocico desde arriba, se aprietan suavemente los labios contra los dientes y, de este modo, se le obliga a soltar la presa a la voz de "¡suelta!". No puede faltar el elogio. El ejercicio se repite hasta que salga bien.

Variante: en contrapartida, por el objeto del que se ha desprendido se le da una golosina.

Si el perro utiliza la táctica de escapar, habrá que realizar el ejercicio con el animal atado, de forma que no salga de la esfera de influencia de su dueño.

Este ejercicio tiene que estar totalmente dominado, pues tratándose de un perro adulto, sobre todo si es de gran tamaño, la lucha por la presa es considerablemente más dura que en el caso de un cachorro.

"¡No!"

Esta expresión se utiliza cuando el perro hace algo que no debe hacer. "¡No!" es:

- coger basuras;
- chapotear en el barro;
- saltar sobre los desconocidos;
- ladrar al menor ruido;
- robar algo, pero no haber robado, pues "¡no!" sólo sirve en el momento de realizar la acción.

"¡No!" se pronuncia en tono agudo y puede reforzarse con patadas en el suelo o con palmadas. Tratándose de perros muy tercos, en ocasiones el "¡no!" sólo surte efecto dejando caer una lata.

"¡Coche!"

El perro tiene que familiarizarse con determinadas reglas para subir a un coche y bajar de él: a subir (para que no se deje seducir por los desconocidos que le invitan a su coche) y a bajar (para no poner en peligro el tráfico).

Adiestramiento: antes de que se le permita subir, el perro debe estar frente a las puertas abiertas del coche. Entonces se le dice "¡stop!" y como señal visual se le pone la mano abierta delante de la cara. Al decir "¡salta!" queda libre el camino al interior del coche. Es muy importante que el perro no se sienta autorizado ni salte sin las órdenes "¡stop!" y "¡salta!".

Para bajar del coche se procede exactamente a la inversa; primero se abre la puerta a la vez que se dice "¡stop!", y después sale el perro a la voz de "¡ven!".

Para un perro habituado a él (v. p. 44), el coche es una ampliación de sus dominios y lo defenderá contra los extraños. El perro que se pasa mucho tiempo en el coche estará también solo en casa.

Todas estas indicaciones hacen más fácil la educación de un perro hasta conseguir de él que sea un habitante dócil de la casa.

La cabezada (*follow me*) actúa sobre la cabeza del perro e imita al bozal.

La cabezada es muy útil a la hora de realizar los ejercicios de adiestramiento, desde el momento en que permite actuar sobre el perro sin tener que recurrir a la violencia. Se coloca de forma que, cuando el perro tira de la correa, ejerce una presión sobre el lomo de su hocico.

Algunos perros, como el Golden Retriever, llevan el cobro en la sangre (superior). Los perros son capaces de jugar solos si disponen de un juguete apropiado (derecha).

Jugando con el perro

El juego es un auxiliar muy importante en la educación del perro joven y del imprescindible contacto social entre el perro y su dueño. Jugar es una especie de terapia para neutralizar la disposición a la agresión latente en el perro. Jugar en grupo es especialmente importante para los perros que se pasan mucho tiempo solos; así aprenden también a entretenerse ellos mismos.

El juego como recurso educativo

Para poder ser feliz y normal en su vida adulta, un cachorro necesita tanta atención como un bebé, es decir, hay que ocuparse mucho de él y esto significa jugar.

Características del juego:

- Un juego no tiene una finalidad seria, sencillamente se lleva un objeto de un sistio a otro. El perro trata de cogerse la cola y así sucesivamente.
- En el juego es decisiva la curiosidad por situaciones y cosas antes desconocidas; de ahí que el juego sea una forma de aprendizaje.
- En el juego el cachorro da muestras de una inercia débil. Lo nuevo le parece más interesante que lo que le venía ocupando

anteriormente. Para su dueño esto significa que no son suficientes un solo juguete o un solo tipo de juego, y que tendrá que recurrir a las amplias ofertas de los establecimientos especializados en animales. En cualquier caso debe tener en cuenta el material con que está fabricado el juguete (v. p. 24).

- Cuanto más edad tenga el perro, con mayor intensidad se ocupará de alguna cosa concreta.

Nadar es un buen ejercicio para el perro, que se divierte mucho más si puede hacerlo en grupo.

El equipaje de cada paseo incluye un disco volador (*frisbee*); con él, el perro podrá desarrollar sus habilidades, (superior). Llevando orgulloso su rama (izquierda).

Los hermanos de una misma camada son los que más intensamente participan en los juegos comunes. El dueño del perro suple la ausencia de los hermanos, aunque es un sucedáneo deficiente, pues no es un congénere suyo. Para habituarse a las formas expresivas caninas, los perros tienen que jugar entre sí. De ahí la necesidad de acudir con el pequeño animal a los juegos organizados para cachorros o a un parque canino.

El juego como contacto social

El perro y el hombre son de los pocos seres vivos que todavía juegan cuando son adultos. Los etólogos dicen que ni los perros ni los hombres son respectivamente lobos o monos adultos. A casi todas las razas caninas les gusta el juego y algunas (Bóxer, Airedale Terrier o Cócker Spaniel) siguen practicándolo incluso a una edad muy avanzada.

El juego se inicia con una especie de actitud preventiva (gesto de invitación al juego): el perro se apoya en sus patas delanteras, su pecho roza el suelo y su parte trasera está muy levantada. Entonces se mueve a impulsos hacia delante como diciendo: “ven... empieza”. Además pone “cara de jugar”, abriendo ligeramente la boca como si fuera a reír.

La siguiente invitación corresponde a la acción de “conducir el juego”, y consiste en acercar hasta su compañero de juego un palo o una pelota para dejarlos delante de él; si éste trata de cogerlos, el perro se adelanta y se escapa llevándolos consigo.

Adiestramiento y actividades deportivas

Los perros están muy dispuestos a aprender cosas para su vida. Ésta es una cualidad muy aprovechable para seguir trabajando con ellos. Las Sociedades Caninas (Direcciones, v. p. 155) ofrecen información sobre las posibilidades existentes. O bien, previa inscripción en el club de una determinada raza, se puede tomar parte en los programas de adiestramiento específicos de la misma o acudir a exposiciones caninas. El perro siempre está dispuesto, así que todo depende de las actividades de su dueño. A continuación me propongo señalar algunas de las cosas que se pueden hacer con un perro.

Agility, que puede traducirse por habilidad. Esta modalidad deportiva divierte a casi todos los perros y disfruta de una aceptación creciente. Se adapta prácticamente a todos los perros, excepto a los muy grandes o pesados. En esta disciplina el perro supera un recorrido con distintos obstáculos, como arrastrarse por un túnel, saltar vallas o subir a un muro. Se trata de que el perro llegue a la meta en el menor tiempo posible y sin cometer fallos. El adiestrador acompaña al perro, pero no debe salvar los obstáculos.

El deporte de campo está concebido para perros en forma y dueños deportistas. Abarca las cuatro disciplinas: eslalon, saltos de vallas, recorrido y ejercicios de obediencia. En el salto de vallas también toma parte el dueño del perro. El perro y su dueño pueden participar en certámenes.

El *flyball* es una modalidad deportiva originaria de EE UU. Tras superar diversos obstáculos, el perro activa el mecanismo de una caja que suelta una pelota. A continuación, tendrá que recogerla y devolvérsela a su entrenador tras superar de nuevo los obstáculos. En el *flyball* se pone a prueba la rapidez.

Obedience, o lo que es lo mismo obediencia. En esta modalidad deportiva, adecuada prácticamente para todas las razas, los perros reali-

Los deportes con perros de tiro tienen cada vez más aceptación. En épocas pasadas se enganchaban los boyeros a los carros (en la fotografía, Gran Boyero Suizo).

En el *flyball* el perro tiene que hacer saltar la pelota, atraparla y devolverla rápidamente.

zan en grupo los más diversos ejercicios de obediencia, como sentarse, ir atados de la correa o acercarse.

Los adiestramientos específicos se centran en las cualidades especiales de las diferentes razas. Algunas de estas pruebas sirven de base para la selección artificial. Entre ellas están, por ejemplo, el adiestramiento del perro de defensa (sumisión, servicio de protección y búsqueda de rastros) concebido para razas tales como el Pastor Alemán o el Bóxer, las pruebas de cobro para perros cobradores, las pruebas de vigilancia para determinadas razas de perros pastores, y las carreras de perros de trineo y de galgos.

El adiestramiento del perro de salvamento corre a cargo de los servicios de socorro. Los perros se escogen según unos criterios muy concretos, como la resistencia y la firmeza de carácter. Si el perro supera el adiestramento, sus intervenciones futuras serán obligatorias dentro del país, y libres fuera de él.

Los perros se adiestran para encontrar a los desaparecidos entre los escombros de las casas derruidas tras un terremoto, a los sorprendidos por los aludes y a los perdidos en una zona concreta. Pensando en las actuaciones correspondientes el adiestrador tiene que aprender muchas cosas, como ofrecer primeros auxilios o manejar bien los mapas y la brújula.

El deporte de los perros de tiro, en el que el animal se engancha a un carro, atraviesa una fase de revitalización. Esta modalidad es adecuada para perros grandes que no pueden tomar parte en otros deportes. En los concursos el tronco ha de superar un recorrido de habilidad. También se organizan pruebas de *trekking*.

Exposiciones caninas

Quien presenta su perro en una exposición canina disfruta más que el propio perro. Es el momento de viajar, de conocer a gente nueva, y hasta de obtener algún premio. Para el perro una exposición representa únicamente estrés.

Las exposiciones son muestras de razas indispensables para la cría de perros. De ahí que, además de los criadores que concurren a la exposición, es conveniente que haya también dueños de perros, que participan "*just for fun*" y que contribuyen a que se exhiba el mayor números de ejemplares posible.

En las exposiciones se imponen los perros que más se aproximan al estándar de la raza. Es conveniente formar parte de la Sociedad Canina correspondiente, donde se ofrece todo tipo de información (Direcciones, v. p. 155).

El cachorro se divierte muchísimo mordiendo la cuerda.

Propuestas de juegos para exterior y para interior

Las actuaciones y los paseos conjuntos refuerzan la vinculación entre el perro y su dueño. A continuación se indican unas propuestas que pueden resultar divertidas, practicándolas tanto en el interior como en el exterior de la casa.

Saltando juntos el tronco.

Propuestas de juegos para exterior

El paseo es una buena ocasión para disfrutar con su perro.

En general no se requieren grandes preparativos, pues la naturaleza ofrece múltiples posibilidades que pueden aprovecharse recurriendo a la imaginación.

Los cañaverales son muy aprovechables en verano, cuando hay poca agua, para que el perro aprenda a pasar por algún sitio arrastrándose, y deberá estar ya familiarizado con el agua. Se comienza con las cañas más bajas y después, si el perro se divierte, se pasa a las más altas. Evidentemente las cosas serán más fáciles si al final hay una recompensa.

Los troncos de los árboles no sirven sólo para que el perro trate de mantener el equilibrio sobre ellos. También puede disfrutar saltándolos con su dueño. Los ejercicios de "sentarse" y de "tumbarse" sobre el árbol son ya retos mayores.

El heno amontonado en los campos en verano o los setos bajos invitan a saltarlos. También se puede hacer que el perro los salte por encima, y que después los pase por debajo arrastrándose.

Los bancos de los parques, como los montones de heno, son también muy apropiados para que el perro los pase por encima saltándolos o se arrastre por debajo.

Con **las ramas** se hace un haz para que lo lleve el perro. Después, en el momento de descansar sobre un banco, se deshace el haz. Entonces el perro se entretiene mordiendo las ramas, que también pueden arrojarse para que él las traiga de nuevo.

El paraguas del paseo puede llevarlo el perro, siempre que no llueva. Pero es preciso rescatarlo de vez en cuando, pues el perro se toma demasiado en serio su tarea; está tan orgulloso de llevarlo que no quiere soltarlo bajo ningún concepto.

El *frisbee* (disco volador) sirve también para jugar con el perro. En las tiendas especializadas se venden discos con bordes blandos que no causan lesiones en el perro al atraparlos. El perro está sentado y sólo se le permite correr para recogerlo cuando el disco vuela.

Algunos perros desarrollan tal habilidad que atrapan el disco volador en el aire, con gran contento suyo y de su dueño.

Propuestas de juegos para interior

Cuando hace mal tiempo y ni al perro ni a su dueño les apetece salir, existe la posibilidad de convertir la habitación, con un poco de imaginación y algunos medios, en un excitante campo de juego. Es el momento de entrenar al perro en las habilidades y destrezas que necesitará para realizar otros ejercicios en el exterior. Eso sí, sin olvidar nunca la recompensa.

Dos sillas volcadas, cubiertas con una sábana o una manta, pueden hacer de túnel. Colocando una tabla sobre los asientos se consigue una excelente plataforma para los saltos.

Las botellas de vino u otros objetos similares permiten construir una pista de eslalon. Es muy importante que la distancia entre ellas no sea demasiado corta y que se adapte al tamaño del perro.

Una manta resistente para perros puede servir para envolver al perro para que, a continuación, se libere de ella por sí mismo. También sirve para practicar el juego de tirar de la presa, que tanto le agrada.

Un banco no es sólo una invitación al descanso...

1

2

3

Las cajas de fruta u otro tipo de cajas resistentes se amontonan en forma de obstáculos y se obliga al perro a saltar sobre ellas. Retirando el fondo y la tapa de las cajas, y colocando éstas una detrás de la otra, se forma un túnel que el perro atravesará arrastrándose.

El cubo de Buster o la bola mágica (en tiendas para animales) es un dado o bola hueca con agujeros que puede rellenarse con comida seca. Se coloca delante del perro que, impulsado por su curiosidad y por el grato olor, empezará poniéndolo rápidamente en movimiento. Entonces de cuando en cuando cae un trozo de comida seca, que recompensará al perro por su curiosidad y por su juego. Es un buen entretenimiento en los ratos que el perro tenga que pasar solo.

Otros juegos con compañero

- Acercarse y escapar corriendo ("conducir el juego", v. p. 101);
- movimiento circular (signo de disfrutar mucho con el juego);
- seguir corriendo; el perro sigue a su dueño y trata, como le enseñó su madre, de morderle los talones;
- atrapar y ser atrapado;
- todos los juegos de lucha y pelea;
- corretear o andar en bicicleta con el perro;
- ir a buscar y traer.

Son precisamente los juegos de lucha y pelea los que habría que practicar con frecuencia con el perro joven para que aprenda a dosificar su tendencia a "morder por juego". Los cachorros no tienen todavía ninguna inhibición para morder, pero como esta actividad forma parte del juego de lucha, hay que enseñarles a moderarse. Para los juegos de lucha y pelea dispongo de los siguientes accesorios:

- un trapo resistente para tirar de él y sacudirlo con fuerza;
- un guante grueso para el combate;
- una especie de balón de fútbol o de balonmano para driblar, pararlo y hacerlo rodar. Una pelota de tenis no sirve por su superficie afelpada.

Durante el juego o el entrenamiento conjunto hay que procurar motivar constantemente al perro y prácticamente no hay límites para la imaginación. Los límites los pondrá a lo sumo el perro, que deja de colaborar o que no sabe lo que se le pide. No se trata de obligarle a jugar, sino de motivarle.

Cuantas más cosas intente con él, más atención prestará el perro a su dueño. Y si está atado, el siguiente paso es soltarlo. La convivencia entre el perro y su dueña o su dueño será cada vez más fuerte y la vinculación más estrecha. ¡Felizmente para ambas partes!

1 El perro puede pasar perfectamente por debajo de unas sillas volcadas.

2 Este circuito favorece la movilidad del lomo e intensifica la resistencia a las pisadas.

3 ¡Encontrada! La golosina oculta en la manta es excelente.

Llevando el paraguas de mi dueña.

Capítulo 4

Fichas técnicas de las razas caninas

Las razas caninas en fichas

Los perros están cada vez más de moda. Al elegir el nuevo integrante de la familia no hay que dejarse guiar sólo por su aspecto exterior, sino que deben tenerse en cuenta las necesidades de la familia y del perro.

La raza apropiada

Alguien decide hacerse con un perro. Su familia está también de acuerdo con la adquisición. Debe ser, sin discusión, un perro de raza. Son perros que han heredado, a través de generaciones sucesivas, el mismo aspecto y determinadas características.

La pureza de raza, para cuya conservación se mantiene una vigilancia estricta durante el proceso de cría, está confirmada por el pedigrí, el documento acreditativo de la procedencia del perro de raza (v. p. 144).

En este momento surge la pregunta: ¿qué raza? En primer lugar será una raza cuyo aspecto agrade al futuro dueño, el cual también podrá tener en cuenta las características propias de las diferentes razas. Hay que pensar en si el perro soñado es el más apropiado para quien vaya a adquirirlo, para su vivienda y para sus hábitos de vida. El perro no puede tener "una talla más" ni pesar más que su dueño. Pueden presentarse situaciones en las que el segundo no podrá con el primero, por ejemplo, cuando éste esté enfermo y tenga que llevarlo al veterinario.

Actualmente están catalogadas más de 400 razas. En cabeza de la lista están el perro Pastor Alemán, el Yorkshire Terrier, el Rottweiler, el Cócker Spaniel, el Husky, el Bóxer, el Schnauzer Miniatura, el Setter Inglés, el Golden Retriever, el West Highland White Terrier, el Alaskan Malamute y el Samoyedo (según las estadísticas de la RSCE).

No obstante, la elección es más difícil que la compra de un coche. Existe la posibilidad de deshacerse de un coche que termina resultando demasiado grande o demasiado pequeño, muy rápido o excesivamente caro.

Pero, una vez habituado a su dueño o dueña (a los que se siente sometido por considerarles los jefes superiores de la manada) un perro sufriría muchísimo por la separación y difícilmente se sentiría unido a otro dueño.

Antes de decidirse por una raza poco frecuente es preciso informarse bien. Las razas poco frecuentes tienen una base de cría muy precaria y los resultados positivos dependen de los diferentes perros, sobre los cuales hay que informarse a fondo, lo mismo que sobre las posibles enfermedades y taras típicas de la raza. Es inevitable consultar a los respectivos criadores. Consulte asimismo la bibliografía correspondiente.

El estándar elaborado por el club respectivo y homologado por la FCI (v. p. 155) y, por tanto, con validez internacional, describe el aspecto exterior y las características de una raza. Las fichas de las diversas razas (v. pp. 114-143) se basan en el estándar.

Utilización de las tablas

En las siguientes páginas aparecen las 60 razas caninas de mayor aceptación clasificadas en tres tablas, correspondientes a las tres categorías de "perros para principiantes" (p. 111), "perros para gente con experiencia" (p.112) y "perros para especialistas" (p. 113).

Es principiante la persona que se hace con su primer perro. Un dueño de perro con experiencia se ha familiarizado ya con otros perros. El especialista está dispuesto a respetar las características absolutamente peculiares o las exigencias de la raza canina correspondiente. Como es natural, cualquier persona puede decidirse por un ejemplar de la tabla "para principiantes".

Observaciones sobre las tablas: en cada categoría aparecen ganchitos y guiones, cuyos significados se especifican a continuación.

- **Talla:** un ganchito, perro pequeño de hasta 34 cm; dos ganchitos, perro mediano de hasta 70 cm; tres ganchitos, perro grande de más de 70 cm hasta la cruz.
- **Necesidad de movimiento, labor educativa:** un guión indica que ambos se mantienen dentro del marco normal; un ganchito, movimiento y labor de tipo medio; dos ganchitos, gran necesidad de movimiento o educación estricta.

Los collies son muy apreciados por su atractivo aspecto. Son extraordinarios como perros para los niños y la familia.

- **Intensidad de cuidados:** un guión, cuidados normales; un ganchito, mayores cuidados.
- **Perro para familia/niños:** un ganchito indica que la raza en cuestión es apropiada, independientemente de su tamaño; un guión, que la raza no es apropiada.
- **Perro para la tercera edad:** un ganchito, raza apropiada; un guión, raza no apropiada. Sólo se incluyen perros pequeños con una necesidad de movimiento relativamente pequeña. Para una persona mayor en plena forma y en condiciones de correr, las posibilidades de elección son obviamente mucho mayores.
- **Perro en un piso:** un ganchito indica que la raza en cuestión es capaz de vivir en una vivienda, es decir, en un espacio más o menos reducido, siempre que, como es natural, pueda moverse suficientemente; un guión, que la raza en cuestión debe disponer de una casa.

Modo de proceder: se busca en la tabla la raza canina con las características que constituyen un criterio de selección. Las páginas indicadas en las tablas remiten a las fichas de las diferentes razas. Consultándolas se podrá decidir a primera vista si la raza en cuestión es la idónea, o si es precisa una información suplementaria. Para tener un perro de los considerados agresivos, repase las cuestiones jurídicas apuntadas en la p. 15.

Perros para principiantes

Raza canina	Talla	Necesidad de movimiento	Intensidad de cuidados	Labor educactiva	Perro para familia/niño	Perro para 3ra edad	Perro para piso	Pág.
Basset Hound	✔✔	✔	–	✔	✔	–	✔	115
Beagle	✔✔	✔	–	–	✔	–	✔	116
Bobtail	✔✔	✔✔	✔	✔	✔	–	–	116
Bouvier de Flandes	✔✔	✔✔	✔	✔	✔	–	–	117
Bulldog Inglés	✔✔	–	–	✔	✔	–	✔	119
Caniche	✔–✔✔	✔	✔	–	✔	✔	✔	119
Chihuahua	✔	–	–	✔	–	✔	✔	120
Cócker Americano	✔✔	✔✔	✔	✔	✔	–	✔	121
Cócker Spaniel	✔✔	✔✔	✔	✔	✔	–	✔	121
Collie	✔✔	✔✔	✔	✔	✔	–	✔	122
Dálmata	✔✔	✔✔	–	✔	✔	–	✔	122
Epagneul Bretón	✔✔	✔✔	–	✔	✔	–	✔	125
Golden Retriever	✔✔	✔✔	✔	–	✔	–	✔	127
Labrador Retriever	✔✔	✔	–	–	✔	–	✔	128
Lhasa Apso	✔	–	✔	–	✔	✔	✔	129
Maltés	✔	–	✔	–	✔	✔	✔	129
Pastor Catalán	✔✔	✔✔	✔	✔	✔	–	✔	132
Perro de Agua Español	✔✔	✔✔	✔	✔	✔	–	✔	133
Pomerania	✔	–	✔	–	✔	✔	✔	135
Schnauzer Miniatura	✔	✔	✔	–	✔	✔	✔	138
Setter Inglés	✔✔	✔✔	✔	✔	✔	–	✔	139
Setter Irlandés	✔✔	✔✔	✔	✔	✔	–	✔	139
Shih Tzu	✔	–	✔	–	✔	✔	✔	140
Téckel	✔	✔	✔	✔✔	✔	✔	✔	142
West Highland White Terrier	✔	✔	✔	✔	✔	✔	✔	143
Yorkshire Terrier	✔	–	✔	✔	✔	✔	✔	143

(Observaciones en p. 110)

Perros para gente con experiencia

Raza canina	Talla	Necesidad de movimiento	Intensidad de cuidados	Labor educactiva	Perro para familia/niño	Perro para 3ra edad	Perro para piso	Pág
Airedale Terrier	✔✔	✔✔	✔	✔	✔	–	✔	114
Akita-Inu	✔✔	✔	–	✔✔	✔	–	✔	114
Alaskan Malamute	✔✔	✔✔	–	✔✔	✔	–	–	115
Bóxer	✔✔	✔	–	–	✔	–	✔	117
Braco Alemán	✔✔	✔✔	–	✔	✔	–	✔	118
Dobermann	✔✔	✔✔	–	✔✔	–	–	–	12[illegible]
Dogo Alemán	✔✔✔	✔✔	–	✔	–	–	–	12[illegible]
Drahthaar	✔✔	✔✔	–	✔	✔	–	✔	12[illegible]
Fox Terrier	✔✔	✔	–	✔	✔	✔	✔	12[illegible]
Galgo Español	✔✔	✔✔	–	✔	✔	–	–	12[illegible]
Mastín del Pirineo	✔✔✔	✔	✔	✔	✔	–	–	13[illegible]
Mastín Español	✔✔✔	✔	–	✔	–	–	–	13[illegible]
Montaña de los Pirineos	✔✔✔	✔	✔	✔	✔	–	–	13[illegible]
Pastor Alemán	✔✔	✔✔	✔	✔	✔	–	–	13[illegible]
Pastor de Brie	✔✔	✔✔	✔	✔	✔	–	–	13[illegible]
Podenco Ibicenco	✔✔	✔✔	–	✔	✔	–	–	13[illegible]
Pointer	✔✔	✔✔	–	✔	✔	–	–	13[illegible]
Rottweiler	✔✔	✔✔	–	✔✔	✔	–	–	13[illegible]
Samoyedo	✔✔	✔	✔	✔	✔	–	–	13[illegible]
San Bernardo	✔✔✔	✔	✔	✔	✔	–	–	13[illegible]
Schnauzer Estándar	✔✔	✔	✔	✔✔	✔	–	✔	13[illegible]
Schnauzer Gigante	✔✔	✔	✔✔	✔	✔	–	✔	13[illegible]
Scottish Terrier	✔	✔	✔	✔	✔	✔	✔	13[illegible]
Shar Pei	✔✔	✔	✔	✔✔	–	–	✔	14[illegible]
Staffordshire Terrier	✔	✔	–	✔✔	✔	–	✔	14[illegible]
Tervueren	✔✔	✔✔	✔	✔	✔	–	–	14[illegible]

(Observaciones en p. 110)

Perros para especialistas

Raza canina	Talla	Necesidad de movimiento	Intensidad de cuidados	Labor educactiva	Perro para familia/niño	Perro para 3ra edad	Perro para piso	Pág.
Bull Terrier	✔✔	✔	–	✔✔	–	–	✔	118
Chow-Chow	✔✔	–	✔	✔✔	–	–	✔	120
Dogo Argentino	✔✔	✔	–	✔✔	–	–	✔	124
Dogo Canario	✔✔	✔	–	✔✔	–	–	✔	124
Galgo Afghano	✔✔	✔✔	✔	✔✔	–	–	–	126
Husky	✔✔	✔✔	–	✔✔	✔	–	–	128
Mastín Napolitano	✔✔	✔	✔	✔✔	–	–	–	131
Stafford Americano	✔✔	✔✔	–	✔✔	–	–	✔	141

(Observaciones, p. 110)

Instrucciones para las fichas técnicas de las razas (pp. 114-143)

Los símbolos y su significado:

Razas apropiadas para principiantes.

Estas razas requieren dueños con experiencia.

Razas exclusivamente para los especialistas por sus singulares exigencias.

Estas razas se encuentran cómodas también en pisos.

Para estas razas hay que disponer de casa con jardín.

Estas razas requieren más cuidados. Hay que dedicarles, como mínimo, 2 horas 3 veces por semana.

Estas razas necesitan una educación estricta, pero "de juego limpio".

La educación de estas razas exige ser consecuente.

La necesidad de movimiento de estas razas es superior a la normal. Hay que pasear al perro un mínimo de 2 horas al día.

Con estas razas hay que pasear un mínimo de 3 horas al día.

Los epígrafes y su significado:

Talla, peso: la talla se mide desde la cruz. Las indicaciones del peso corresponden al término medio.

Pelo, color: indicaciones basadas en el estándar. Los diversos tipos de pelaje, si los hay, se señalan aparte.

Apropiado para: razas que, de interesar, pueden escogerse.

No apropiado para: razas que no deben escogerse en las circunstancias indicadas.

Como miembro de la familia: cualidades que señalan la idoneidad o no idoneidad de las razas en este sentido.

Carácter de la raza: se incluyen los modos de comportamiento y las cualidades más importantes de la raza en cuestión, su convivencia con otros perros y/o con animales domésticos, y su manera de actuar frente a extraños.

Enfermedades típicas: aparecen con más frecuencia en la raza correspondiente.

Esperanza de vida: los datos señalados corresponden al término medio.

Airedale Terrier

En épocas pasadas se utilizó al "rey de los Terrier" para luchar contra las nutrias en el agua y fuera de ella.

Talla, peso: 58-61 cm; aprox. 22,5 kg. Bien proporcionado y rápido.
Pelo, color: doble pelaje; pelo de cobertura espeso y duro; subpelo corto y suave. Color amarillo castaño con silla negra, o gris entrecana.
Apropiado para: gente que quiere un perro no complicado y capaz de proteger.
No apropiado para: gente "estirada" o débil.
Como miembro de la familia: es el mejor perro familiar, le gustan mucho los niños. Buen guardián. Paciente y tranquilo.
Carácter de la raza: intrépido, inteligente, con facilidad para aprender, aprecia la ocupación. Vivo y juguetón hasta la vejez. De difícil convivencia con otros perros y animales domésticos. Procede del cruce de un Terrier cazador de caza menor con el perro cazador de nutrias (de ahí que le guste tanto el agua).
Enfermedades típicas: tendencia a los eccemas y a los tumores de piel.
Esperanza de vida: hasta 14 años.

Akita-Inu

Este *inu* (perro) procede de Japón y es el representante más majestuoso de la familia internacional de los spitz.

Talla, peso: de 61 a 71 cm; hasta 50 kg. Estable y con mucha sustancia.
Pelo, color: pelo de fondo con subpelo espeso y suave. Todos los colores, frecuentemente rojo con máscara clara, pardo rojizo con máscara oscura. Es típica su cola enrollada.
Apropiado para: gente que entiende de perros, que asume la fuerte voluntad del Akita y quiere un perro especial.
No apropiado para: gente que valora la subordinación y que vive en una zona donde abundan los perros.
Como miembro de la familia: apegado y dócil. Tranquilo, equilibrado, valiente y decidido. Más bien indiferente frente a los extraños. Vigilante.
Carácter de la raza: no se deja dominar. El Akita desciende de los perros de las regiones polares; fue criado como perro de pelea, y posteriormente también como perro de caza, de guardia y de familia. En el año 2000 se ha establecido una nueva raza surgida a partir del Akita-Inu: se denomina Gran Perro Japonés, y posiblemente muchos ejemplares conservan en su pedigrí el nombre de Akita-Inu.
Enfermedades típicas: displasia de la cadera, problemas dentales.
Esperanza de vida: hasta 10 años.

Alaskan Malamute

El más potente de los perros de trineo es en la actualidad una raza muy difundida.

Talla, peso: entre 58 y 63 cm. De 35 a 40 kg.
Pelo, color: pelo corto con subpelo muy tupido. Color negro con tonalidades grisáceas, normalmente con máscara y con la parte inferior del cuerpo más clara.
Apropiado para: quienes salen mucho al campo y, por supuesto, para los aficionados a los deportes de invierno (si además tienen trineo, mucho mejor).
No apropiado para: sedentarios y para los que buscan un perro muy dócil y obediente.
Como miembro de la familia: hay que ser intransigente en su educación. Prefieren la vida en el exterior y necesitan de suficiente tiempo por parte de sus dueños. Aceptará con entusiasmo los deportes que le ofrezca su dueño, y más aún si se trata de arrastrar un trineo o simplemente una bicicleta. Si no le entretenemos lo suficiente es posible que se exprese con aullidos.
Carácter de la raza: es limpio, tranquilo y afectuoso. Tiene una tendencia natural a la dominancia con otros perros y también a fugarse. Lo suyo es la resistencia y no la velocidad.
Enfermedades típicas: es una raza muy robusta.
Esperanza de vida: hasta 10 años.

Basset Hound

De constitución alargada pero baja, patas poderosas y mirada perdida de preocupación. Muy testarudo.

Talla, peso: de 33 a 38 cm; hasta 28 kg. Fuerte y musculoso.
Pelo, color: liso, corto y espeso, no muy fino.
Tricolor: blanco, negro y rojo, o blanco, negro y limón; bicolor: blanco y rojo.
Apropiado para: personas fuertes con paciencia y con sentido para la testarudez.
No apropiado para: los amigos de las formas físicas clásicas, los físicamente débiles o los ancianos, los fanáticos del aseo y de la obediencia.
Como miembro de la familia: pacífico. No es perro guardián. Seguro de sí mismo y determinante.
Carácter de la raza: psíquicamente equilibrado, robusto tirando a indolente. Amable. Convive bien con otro perro. Originariamente era un perro cazador que cazaba en jauría. Es el mejor rastreador, incluso en los terrenos más difíciles. Muy constante, sorprendentemente veloz.
Enfermedades típicas: en algunas líneas, transmisión hereditaria de cálculos vesicales en los machos. Inclinación al falso embarazo con abundante producción de leche. En el macho, tendencia a la hipersexualidad. Párpados abiertos.
Esperanza de vida: hasta 12 años.

Beagle

Alegre perro de jauría y cazador de liebres. Generalmente muy amigo de los niños y juguetón.

Talla, peso: de 33 a 41 cm de alzada; entre 10 y 18 kg.
Pelo, color: corto, espeso y robusto, pelo grueso y espeso en la cola, siempre con las puntas blancas. Todos los colores genuinos del Basset, excepto el marrón chocolate. Predomina el tricolor: tablas negras y pardo rojizas sobre fondo blanco, o bicolor con amarillo castaño o limón y blanco (rojo sobre fondo blanco).
Apropiado para: gente a la que le gusta moverse, que busca para sus hijos un perro vivaz capaz de vivir en un piso.
No apropiado para: quienes piden dureza a un perro.
Como miembro de la familia: agradable, muy pacífico y amistoso. No es buen guardián. Su sentido del grupo es tan fuerte que disfruta con cada visita, incluso con el posible asaltante.
Carácter de la raza: sociable (le gusta vivir con otros perros), dócil y apegado. Firme de carácter. Seguro de sí mismo e independiente. El buen humor es una de las características de la raza. Tendencia a registrar los rincones y a rastrear.
Enfermedades típicas: robusto; se sabe poco de enfermedades específicas.
Esperanza de vida: hasta 12 años.

Bobtail

El "antiguo perro de pastor inglés" es un perro como de saga escocesa. En pocas palabras: un perro encantador.

Talla, peso: alrededor de 56 cm de altura; entre 34 y 40 kg de peso. Da la impresión de "rechoncho". El rabo corto es congénito en muchos bobtail y sirvió para designarlos, pues *Bobtail* significa "cola corta".
Pelo, color: hirsuto, en mechones, sin rizos, subpelo impermeable. Todos los matices de gris, gris entrecano y azul.
Apropiado para: personas interesadas precisamente en un Bobtail, y que han hecho todo lo posible por tenerlo.
No apropiado para: quienes gustan de dar órdenes y tiene un piso pequeño, para quienes no disponen de tiempo para cuidar al perro.
Como miembro de la familia: muy consciente de la familia, pero quiere contar con su "espacio propio". Le gustan los niños y jugar.
Carácter de la raza: temperamental, pacífico, capaz de adaptarse, pero también seguro de sí mismo e independiente.
Enfermedades típicas: posible displasia de la cadera. No se conocen otras.
Esperanza de vida: hasta 14 años.

Bouvier de Flandes

En su país de origen era utilizado para el transporte de mercancías arrastrando pequeños carros.

Talla, peso: de 57 a 69 cm. En torno a los 40 kg.
Pelo, color: largo y espeso, nunca debe ser suave al tacto. Color desde gris a negro, leonado y atigrado.
Apropiado para: gente tranquila que busca un perro mediano y pacífico. Vive mejor en casas con jardín, pero no le importa estar con su dueño en el apartamento de la ciudad.
No apropiado para: los que usan mucha "mano dura" en el trato con los perros.
Como miembro de la familia: se adapta muy bien a la familia.
Carácter de la raza: austero y tranquilo, muy vigilante y dependiente de su dueño. Es un buen guardián de la familia. Aprende fácilmente si no somos "tiranos" con él.
Enfermedades típicas: displasia de cadera en algunos casos.
Esperanza de vida: hasta 12 años.

Bóxer

Intrépido protector y defensor. Siempre dispuesto a jugar, hasta edad avanzada.

Talla, peso: de 57 a 63 cm de alzada el macho, a partir de 53 cm la hembra; alrededor de 30 kg. Huesudo, cuerpo cuadrado.
Pelo, color: corto y brillante, duro, muy adherido al cuerpo. Desde el rojo leonado oscuro al amarillo, los matices intermedios son los más apreciados; también atigrado. Máscara negra limitada al hocico.
Apropiado para: familias deportistas, a ser posible con niños, que viven en espacios de cierta amplitud.
No apropiado para: gente que tiene figuritas delicadas y frágiles, sedentarios y ancianos.
Como miembro de la familia: buenos guardianes, excelentes perros domésticos, muy amigos de los niños. Convecino agradable, aunque muy temperamental.
Carácter de la raza: robusto, inteligente, fácilmente manejable con un adiestramiento bien realizado. Temperamental y valiente. Tendencia a la zalamería. No adopta necesariamente una actitud amistosa frente a otros perros.
Enfermedades típicas: anquilosis de la columna vertebral en la vejez. A partir de los 8 años, mayor propensión al cáncer que otras razas. Propensión a las alergias, también displasia de la cadera.
Esperanza de vida: hasta 10 años.

Braco Alemán

(Perro de Muestra Alemán de Pelo Corto)

Es el perro de caza alemán más difundido en el mundo.

Talla, peso: de 56 a 64 cm. De 25 a 35 kg.
Pelo, color: corto y liso. Puede ser marrón completo, marrón con manchas blancas (ruano marrón), negro o ruano negro.
Apropiado para: aficionados a los perros y al campo.
No apropiado para: perezosos que vivan en un piso.
Como miembro de la familia: se adapta bien a la casa y a la familia, llegando a defenderla si es preciso. Necesita salidas regulares al campo y no requiere demasiados cuidados.
Carácter de la raza: tranquilo y equilibrado. Es muy enérgico y activo en el campo. Es duro, pero respetuoso con su dueño, muy inteligente y fácil de adiestrar para múltiples tareas.
Enfermedades típicas: posible displasia de cadera. Es un perro muy resistente.
Esperanza de vida: hasta 12 años.

Bull Terrier

Perro musculoso con cabeza ovalada y una fisonomía indescifrable.

Talla, peso: 54 cm; de 23 a 28 kg. No debe estar gordo, pero sí musculoso.
Pelo, color: corto, liso y brillante, tirando a duro. Blanco puro con marca en la cabeza (monóculo); atigrado o rojo, amarillento o tricolor.
Apropiado para: gente que sabe tratar a los perros, una familia con espacio y una persona con tiempo.
No apropiado para: gente con un "sentido burgués de la belleza".
Como miembro de la familia: protector y guardián seguro. Un miembro más de la familia por su amor a sus dueños. Le gusta jugar con los niños.
Carácter de la raza: firme hasta la testarudez, pero manejable con mano izquierda e incondicionalmente entregado a su dueño. No es pendenciero, pero es buen luchador cuando se siente atacado. Insensible al dolor. Originariamente criado para luchar contra los toros y contra sus congéneres. Se distingue por su dureza, su rapidez y su valentía.
Enfermedades típicas: sensible al calor y a la humedad (riñones). Sordera en los bull terrier blancos. Deformidad congénita de las válvulas del corazón.
Esperanza de vida: hasta 14 años.

Bulldog Inglés

Uno de los perros domésticos más apreciados, de cráneo poderoso, estuvo al borde de la extinción.

Talla, peso: altura no establecida (alrededor de 40 cm); hasta 25 kg. Un paquete de fuerza "de buena pasta".
Pelo, color: tupido, corto y fino. Blanco, rojizo, rojo amarillo, amarillento o atigrado. La claridad es más importante que el tono, sólo está prohibido el negro, aun en manchas.
Apropiado para: familias con niños con un gusto especial. Para individualistas que aceptan que también un perro es una personalidad independiente.
No apropiado para: deportistas o personas que quieren un perro totalmente obediente.
Como miembro de la familia: tranquilo, paciente, muy raramente se pone nervioso, insobornable. Tiene un umbral de irritación alto.
Carácter de la raza: muy terco, hasta el punto de que una educación firme rinde pocos frutos. Fuerte personalidad. Se interesa más por sus dueños que por otros perros. Perro tristemente famoso por ser criado antiguamente para luchar contra toros, osos y tejones.
Enfermedades típicas: dificultades respiratorias y afición a la cubrición. Cesáreas frecuentes en las hembras. En conjunto, es muy robusto.
Esperanza de vida: hasta 10 años.

Caniche

Amable y tratable. Siempre alegre y dispuesto a todo.

Talla, peso: se cría en 3 tallas. Caniche grande: de 45 a 58 cm; hasta 22 kg. Caniche pequeño: de 35 a 45 cm; aprox. 15 kg. Caniche enano: de 28 a 35 cm; aprox. 4 kg. Cuerpo cuadrado de conformación armónica.
Pelo, color: tupido, lanoso, áspero y rizado. Negro, blanco, gris, claramente pardo, colores únicos de plata y de albaricoque.
Apropiado para: solitarios o familias con niños que viven en la gran ciudad y buscan un perro amable e inteligente.
No apropiado para: altivos, impacientes o nerviosos.
Como miembro de la familia: poco interesado por los otros perros; concentra su atención únicamente en su familia. Buen guardián; el Caniche grande es además eficiente. No pierde el pelo.
Carácter de la raza: muy apegado, sociable e inteligente, fácil de educar.
Enfermedades típicas: sobre todo en el Caniche enano: lamedura nerviosa de las patas con arranque del pelo, inflamación de las amígdalas, cálculos urinarios, hernia discal, ataques epileptiformes; en los ejemplares jóvenes, luxación de la rótula.
Esperanza de vida: 12 años y más.

Chihuahua

Este minúsculo perro debe su nombre a una población mexicana situada al pie de la Sierra Madre.

Talla, peso: nunca más de 20 cm; entre 500 g y 2,5 kg. Gracioso.
Pelo, color: corto, tupido y brillante, o largo y suave. Todos los colores, monocolor, con manchas o con pintas.
Apropiado para: quienes buscan un perro faldero realmente manejable.
No apropiado para: quienes no saben qué hacer con las cosas pequeñas.
Como miembro de la familia: muy apegado, prácticamente no ladra, sino que se limita a gruñir de una manera especial, señalando así la presencia de algo sospechoso. Muy inteligente. No es un perro para niños.
Carácter de la raza: resistente, valiente e intrépida. Como es natural, le gusta el movimiento. Muy vivaz. Desciende del cruce de perros chinos (llevados a México por comerciantes) con perros desnudos autóctonos.
Enfermedades típicas: dificultades en el parto y problemas dentales.
Esperanza de vida: hasta 14 años.

Chow-Chow

Un perro con aspecto de león, orgulloso y reservado, que anda extrañamente (como si llevara zancos).

Talla, peso: altura mínima 45,5 cm; de 20 a 32 kg. Cuerpo muy compacto.
Pelo, color: abundante, tupido, recto, son subpelo suave. Collar marcado. Monocromo negro, rojo, azul, canela, crema o blanco.
Apropiado para: quienes buscan lo caprichoso y son capaces de arreglarse con ello.
No apropiado para: quienes piden a un perro obediencia absoluta.
Como miembro de la familia: guardián atento; perro muy silencioso. No necesita moverse mucho. No es apropiado para niños.
Carácter de la raza: caprichoso hasta la testarudez. Perro de un hombre/una mujer. Prácticamente es imposible adiestrarlo. Ningún interés por las zalamerías. Es el perro más individualista, seguro de sí mismo y orgulloso. Combativo y valiente. Sensible al calor. Procede de China y fue utilizado para cazar, como perro de tiro, como guardián y como perro de pastor. Llegó por primera vez a Europa en 1887 y no tardó en ponerse de moda.
Enfermedades típicas: propenso a eccemas. Es frecuente el repliegue del margen del párpado hacia la córnea del ojo (entropión).
Esperanza de vida: hasta 14 años.

Cócker Americano

Versión americana del clásico inglés.

Talla, peso: no debe sobrepasar los 38,7 cm. Alrededor de 14 kg.
Pelo, color: pelo corto y fino en la cabeza, de longitud media en el cuerpo y más largo en las extremidades y en el abdomen. Color negro, dorado, chocolate, o negro y fuego. También pueden combinar uno de estos colores o dos con el blanco.
Apropiado para: los "caprichosos de la elegancia", dispuestos a cepillarle todos los días, y para los aficionados a las exposiciones caninas.
No apropiado para: los que no estén dispuestos a dedicarle el tiempo que requiere en la mesa de cepillar y en los paseos.
Como miembro de la familia: buen compañero, no es útil como guardián pero será un excelente compañero de todos los miembros de la familia. Prohibidos desde el primer día los bocaditos extras, y mucho menos de la mesa. De no hacerlo, llegará todos los días a la mesa incluso antes que el mantel.
Carácter de la raza: alegre y equilibrado. Para educarle correctamente hay que medir bien sus caprichos y no dejarse ablandar por la mirada de adoración, pena o dulzura que tan bien sabe utilizar.
Enfermedades típicas: otitis, tendencia a la obesidad y, en verano, las espigas secas que se introducen entre los dedos pueden causarle infecciones muy graves.
Esperanza de vida: 14 años o más.

Cócker Spaniel

Perro de caza, incansable y poderoso, que se ha convertido en un perro de compañía. Hay varias razas de Spaniel.

Talla, peso: hasta 41 cm; de 12,5 a 14,5 kg. Cuerpo compacto.
Pelo, color: adherido y sedoso, no ondulado. Mechas no demasiado abundantes. Negro o rojo, negro con marcas negras, negro y blanco, naranja y blanco, negro y blanco con amarillo castaño, pardo, naranja, pardo con amarillo castaño y azul rodado.
Apropiado para: gente que busca perros sensibles y cariñosos, que dispone de tiempo para el aseo del pelo y para dar grandes paseos.
No apropiado para: quienes confunden la autoridad con la dureza.
Como miembro de la familia: excelente perro doméstico. No es buen guardián. Arroja saliva a la menor excitación. Ladra más al aire libre que en casa.
Carácter de la raza: desde juguetón y muy alegre, hasta cariñoso, apegado y sensible. Declaradamente comilón.
Enfermedades típicas: otitis, eccema en el pliegue del labio de la mandíbula inferior, hernia discal. "Rabia de Cócker" (morder sin previo aviso) en los machos rojos adultos.
Esperanza de vida: hasta 16 años.

Principiantes Experimentados Especialistas Perro de piso Casa con jardín Cuidados

Collie (Rough Collie)

Bellísimo perro de pastor escocés de pelo largo. Perro de moda dos veces en 100 años.

Talla, peso: hasta 61 cm y hasta 30 kg. Cuerpo alargado con pecho hundido.
Pelo, color: largo, muy tupido y duro; corto y tupido en el Collie de Pelo Corto. Blanco amarillo, tricolor (negro con marcas pardo rojizas) y azul mirlo.
Apropiado para: los amantes de la belleza que disponen de tiempo para dedicarse al cuidado del pelo.
No apropiado para: gente que busca un perro como *Lassie*.
Como miembro de la familia: quiere estar siempre con su familia. Exige que se esté pendiente de él. Excelente perro para niños. Es un guarda atento y lo da a entender con sus ladridos. Pierde pelo y, por tanto, ensucia la casa.
Carácter de la raza: distanciado. Desconfiado frente a los desconocidos. Aprende bien y es dócil. Psicológicamente sensible. Forman también parte de la familia Collie, el Collie de Pelo Corto, el Bearded Collie o Collie Barbudo, el Border Collie y el Sheltie.
Enfermedades típicas: anomalías oculares y trastornos de visión. "Collie-nose", eccema de la superficie nasal no pigmentada con radiación solar.
Esperanza de vida: hasta 15 años.

Dálmata

Alegre corredor de fondo, que llama la atención por sus manchas: un perro singularmente "pintado".

Talla, peso: de 50 a 61 cm; hasta 25 kg de peso. Bien proporcionado y musculoso.
Pelo, color: corto, tupido, duro, liso y brillante. Blanco puro con manchas negras o pardas de contornos precisos y bien distribuidas.
Apropiado para: familias deportistas con niños, a las que les gusta andar en bicicleta o montar a caballo.
No apropiado para: quienes buscan un perro cómodo y no quieren llamar la atención.
Como miembro de la familia: guardián atento, no mordedor, no ruidoso, con escasa afición a la caza. Se niega a "perder de vista" a su dueño.
Carácter de la raza: no complicado y alegre, por tanto fácil de educar. Capaz de adaptarse, apegado. Le gusta correr y es muy resistente. Primero fue perro acompañante de jinetes y cocheros, después iba delante del servicio de incendios para despejar el camino. También perro de artistas por su aspecto y por su inteligencia.
Enfermedades típicas: en conjunto no es un perro enfermizo. Sordera congénita. Eccema provocado por su alto nivel de ácido úrico, formación de cálculos urinarios.
Esperanza de vida: hasta 14 años.

Dobermann

Poderoso y musculoso, muy rápido, guardián insobornable.

Talla, peso: hasta 72 cm; hasta 45 kg. Muy elegante de aspecto.
Pelo, color: corto, duro y tupido. Negro, pardo oscuro o azul con rojo de hierro oxidado, fuego perfectamente contorneado.
Apropiado para: deportistas o gente que busca un buen perro guardián.
No apropiado para: gente que ni es deportista, ni tiene reacciones rápidas, ni quiere ser custodiada.
Como miembro de la familia: si se incorpora de cachorro, será muy cariñoso con la familia y con los niños.
Carácter de la raza: temperamental, valiente, firme, fuerte por naturaleza. La tensión de la piel de la cara no permite adivinar bien su estado de ánimo. Psicológicamente sensible. En realidad es el típico perro de un solo hombre. Criado en el siglo XIX por Louis Dobermann como perro de defensa.
Enfermedades típicas: propensión a la caída del pelo.
Esperanza de vida: hasta 14 años.

Dogo Alemán

Un gigante de cara alargada, calificado por sus criadores como "Apolo de los perros".

Talla, peso: alzada mínima en los machos de 80 cm; peso mínimo de 46 a 54 kg, generalmente 85 kg y más. Cuerpo bien proporcionado. Aspecto impresionante por su tamaño y por su cabeza.
Pelo, color: corto, tupido, liso y brillante. Cinco clases cromáticas: blanco, atigrado, blanco y negro con manchas, negro y azul.
Apropiado para: entendidos con mucho espacio.
No apropiado para: principiantes y gentes con habitaciones llenas de muebles.
Como miembro de la familia: adorable, poco ladrador. Tranquilo y sensible, amigo de los niños. Utilizado en la Edad Media como "muerde toros" y como perro de caza. Perro nacional desde Bismarck, es acompañante permanente y guardián. Aunque siempre ha sido un perro afamado, no habría que hacerse con él sólo por razones de prestigio. Gran necesidad de alimentos.
Enfermedades típicas: torsión del estómago por comer deprisa y estar furioso; insuficiencia de las válvulas cardíacas.
Esperanza de vida: hasta 10 años.

Dogo Argentino

Una raza moderna seleccionada en Argentina principalmente para la caza.

Talla, peso: de 60 a 65 cm. De 40 a 45 kg.
Pelo, color: pelo corto y liso completamente blanco.
Apropiado para: dueños con experiencia.
No apropiado para: principiantes con una casa pequeña.
Como miembro de la familia: es tranquilo y poco ladrador en casa. Un Dogo Argentino bien educado será un buen perro con todos los miembros de la familia. Hay que tener en cuenta su carácter dominante en las relaciones con otros perros, y también su gusto por la caza cuando paseemos por el campo y pueda encontrarse con animales de granja.
Carácter de la raza: es un perro potente y musculoso, se puede adiestrar con facilidad pero no admite la tiranía. Su dureza y valentía le convierten en un excelente perro de guarda.
Enfermedades típicas: sordera.
Esperanza de vida: hasta 12 años.

Dogo Canario (Perro de Presa Canario)

En el pasado perro de lucha, y hoy perro de guarda y defensa.

Talla, peso: de 55 a 64 cm. De 38 a 50 kg.
Pelo, color: pelo corto y liso de aspecto rústico. El color puede ser atigrado (también llamado bardino) o leonado; también hay ejemplares negros que son menos apreciados.
Apropiado para: gente con experiencia y tiempo, y también para familias dispuestas a educar de forma consecuente.
No apropiado para: inexpertos que les guste pasear con su perro en el parque con otros congéneres.
Como miembro de la familia: protector y guardián. No se deja dominar por otros perros y es extraordinariamente potente, por lo que no es prudente dejarle en manos de los niños o personas muy mayores. Con una correcta crianza y educación será un miembro más de la familia.
Carácter de la raza: es un perro muy potente, con mirada severa y apto para la guardia y defensa de propiedades o personas. Tiene tendencia a la pelea con otros perros, pero es manso y noble en familia.
Enfermedades típicas: no se conocen.
Esperanza de vida: hasta 12 años.

Drahthaar

(Perro de Muestra Alemán de Pelo Duro)

Perro de caza alemán de gran utilidad, muy popular en su país de origen.

Talla, peso: de 56 a 67 cm. Peso ideal entre los 25 y los 30 kg.
Pelo, color: pelo duro y áspero, es más corto en la cabeza y las orejas. El color varía desde el marrón oscuro al claro, y habitualmente es de color ruano con manchas marrones o negras.
Apropiado para: gente enérgica a la que le gusta moverse y salir al campo.
No apropiado para: los que vivan en un piso y no salgan diariamente al campo.
Como miembro de la familia: no necesita excesivos cuidados. Es un buen amigo para la familia y muy paciente con los niños. Los perros de esta raza suelen ser obsesivos con su dueño y, aunque algo duros en el entrenamiento, son muy útiles para la caza y la guarda.
Carácter de la raza: aunque se trata de una raza seleccionada para la caza en su país de origen, es habitualmente usado como perro de guarda y cacería simultáneamente. Es muy temperamental y debe ser entrenado con firmeza.
Enfermedades típicas: es un perro muy robusto.
Esperanza de vida: hasta 12 años.

Epagneul Bretón

De origen español, se trata del más pequeño y popular de los perros de muestra franceses.

Talla, peso: de 47 a 50 cm. Peso entre 23 y 25 kg.
Pelo, color: pelo de longitud media, liso o ligeramente ondulado. Son de color blanco y negro, blanco y naranja, tricolores o ruanos con alguno de estos colores.
Apropiado para: aficionados al ejercicio físico en el campo que vivan en un piso.
No apropiado para: los que busquen un perro grande e independiente.
Como miembro de la familia: es el compañero preferido de muchos aficionados al campo. Como perro de familia es muy recomendable ya que es difícil que se enfade, incluso con los niños más traviesos. A pesar de su tendencia a la actividad es muy tranquilo en la casa. No necesita excesivos cuidados.
Carácter de la raza: es un perro alegre y deseoso de satisfacer a su dueño, hacia el que se muestra muy sensible. Es muy activo y despierto.
Enfermedades típicas: otitis.
Esperanza de vida: hasta 14 años.

Fox Terrier

Un torbellino de perro, siempre dispuesto y presente, agresivo, osado y emprendedor.

Talla, peso: hasta 39 cm; aprox. 8 kg. Siempre en tensión, como un resorte de acero.
Pelo, color: de pelo liso: duro, tupido y abundante; predominantemente blanco con manchas pardas o negras y dibujo en la cabeza. De pelo duro (fotografía): rizado y cerrado; el subpelo es suave. Los mismos colores que en el de pelo liso.
Apropiado para: personas (también con niños) que difícilmente pierden la calma.
No apropiado para: gente angustiada, insegura y nerviosa sin la firmeza adecuada.
Como miembro de la familia: buen guardián, también del coche; muy temperamental, puede ser ruidoso. Incansable y juguetón con los niños; auténtico compañero de aventuras. Necesita estar ocupado.
Carácter de la raza: inteligente, saca partido de las debilidades. Firme de carácter y valiente. Puede pasarse las horas tranquilamente sentado frente al escondrijo de una rata. A principios del siglo XIX se utilizaba para cazar zorros en la caza de montería.
Enfermedades típicas: cálculos urinarios, glaucoma y diabetes senil. En general, el veterinario sólo atiende a los fox terrier por mordiscos.
Esperanza de vida: hasta 14 años.

Galgo Afghano

Lebrel oriental muy atractivo: es un perro para pararse a contemplarlo.

Talla, peso: alrededor de 70 cm; hasta 30 kg.
Pelo, color: manto sorprendentemente largo y sedoso. Se aceptan todos los colores.
Apropiado para: aficionados incondicionales con mucha intuición y para gente que tiene en cuenta la necesidad de carreras diarias.
No apropiado para: gente que no está dispuesta a pagar su tributo diario de tiempo y esfuerzo a la belleza en concepto de aseo, y que se resiste a moverse.
Como miembro de la familia: necesita, durante toda su vida, una persona de referencia constante. Obedece por cariño. Se siente igual al hombre. Dócil y vigilante en la casa y el jardín. Muestra en ocasiones cierta indiferencia. No es fácil sujetarlo, pues es rapidísimo corriendo.
Carácter de la raza: seduce por su dignidad, su tranquilidad y su afabilidad. Original, tendencia al confort. Ama a su gente y es reservado frente a los extraños. La leyenda de que Noé le metió en su arca refleja la antigüedad de esta raza de perro de pastor y de caza originaria de Afganistán.
Enfermedades típicas: poco conocidas.
Esperanza de vida: hasta 10 años.

Galgo Español

Pura casta española. Cervantes lo citaba en el primer párrafo de su gran obra "El Quijote".

Talla, peso: de 60 a 70 cm. Alrededor de 25 kg.
Pelo, color: pelo corto y liso. Aunque son escasos, también hay ejemplares con el pelo duro. Hay galgos de todos los colores, pero los preferidos son los atigrados, negros y los de color barquillo.
Apropiado para: deportistas y amantes de los paseos por el campo, mejor aún si son jinetes.
No apropiado para: quienes se resisten a moverse.
Como miembro de la familia: tranquilo, suele elegir a una sola persona como referencia. Sólo es posible educarle con cariño y firmeza.
Carácter de la raza: noble. Muy tranquilo en casa y muy activo fuera. Lo suyo es correr; aunque no es el más veloz de los galgos está considerado como el mejor fondista. No tolera la injusticia y no es especialmente dócil. Se trata de una raza autóctona muy antigua, especializada en la caza de liebres a la carrera.
Enfermedades típicas: problemas musculares en los perros que corren habitualmente.
Esperanza de vida: hasta 10 años.

Golden Retriever

Por su pelo color de oro es el más hermoso de los retriever. Ha pasado de ser un perro de caza a ser un perro familiar.

Talla, peso: hasta 62 cm; hasta 34 kg. Constitución simétrica, corredor de fondo.
Pelo, color: pelo de cobertura liso con subpelo espeso e impermeable. Todos los matices de oro y crema.
Apropiado para: familias que disponen de tiempo para ocuparse de él y que pueden realizar largos paseos con él.
No apropiado para: viviendas pequeñas o para personas que viven cerca de un bosque
Como miembro de la familia: apegado, equilibrado, no agresivo. Sociable con otros animales domésticos. Insensible al viento y a los temporales. Buen guardián, pero nunca ruidoso.
Carácter de la raza: amable, amigo de los niños, fácil de conducir. Aprende bien y a gusto. Gran nadador. Muy resistente, es un tenaz perro de cobro con buen olfato. Perro de compañía muy apreciado. Criado en la segunda mitad del siglo XIX a partir de la rama "amarilla" del *Flat Coated Retriever* (perro cobrador) y del Spaniel de Agua.
Enfermedades típicas: cataratas en la vejez.
Esperanza de vida: hasta 14 años.

Husky (Siberian Husky)

La raza canina de trineo más apreciada del mundo no es sólo para especialistas. Muy resistente y fuerte.

Talla, peso: hasta 60 cm de altura; hasta 27 kg de peso. Ágil y ligero.
Pelo, color: recto, semilargo, pelo de cobertura flexible sobre subpelo suave y tupido. De blanco puro a negro, con predominio de negro y blanco y gris.
Apropiado para: entusiastas de los deportes de invierno, que se desplazan con coches de entrenamiento y trineos.
No apropiado para: tranquilos e inactivos.
Como miembro de la familia: sin agresiones a la gente. Amable y accesible, pero muy independiente. Necesita una persona que lo guíe. Fue criado originariamente por la tribu chukchi como perro de trineo para atravesar largas distancias. Actualmente, gracias a la cría selectiva, es muy apreciado como perro para la familia.
Carácter de la raza: gran capacidad de aprendizaje y, por tanto, extraordinaria capacidad de adaptación. Poco apropiado como perro de compañía, pues siente una necesidad imperiosa de correr y de independencia. Quiere que se le exijan cosas. En manada, los perros se ocupan intensamente los unos de los otros y queman muchas energías. Muy limpio.
Enfermedades típicas: robusto. Tiene propensión a la desviación del uréter.
Esperanza de vida: hasta 10 años.

Labrador Retriever

***Retriever* significa "perro de cobro". Además, este perro, estable y fácil de conducir, es un especialista en agua.**

Talla, peso: de 55 a 57 cm; de 25 a 34 kg. Estabilidad compacta.
Pelo, color: corto, firme, tupido; sin ondas ni mechas en las patas y en la cola. Subpelo impermeable. Cola recubierta con un manto grueso y compacto (cola de nutria). Negro, pardo o amarillo, de color único sin manchas.
Apropiado para: familias con niños que salen mucho a pasear, a las que gusta pasar mucho tiempo con su perro.
No apropiado para: sedentarios, gente de ciudad y personas que no disponen de tiempo.
Como miembro de la familia: muy amigo de los niños, amistoso y fácilmente educable. Sociable con otros perros y animales domésticos. Relativamente buen guardián. Muy apegado, no es perro de perrera.
Carácter de la raza: no es ruidoso, y es imperturbable incluso en pleno tráfico urbano. Valiente y muy perseverante. Eficaz en el rastreo de la droga y como lazarillo.
Enfermedades típicas: displasia de la cadera, hemofilia en determinadas familias. En conjunto, robusto y resistente.
Esperanza de vida: hasta 10 años.

Lhasa Apso

La raza preferida de los monasterios del Tíbet. Durante 2000 años se crió solo allí.

Talla, peso: alrededor de 25 cm. Entre 3 y 4 kg.
Pelo, color: dorado, azulado, gris, negro, blanco y marrón, en ocasiones combinados entre sí.
Apropiado para: los que viven en un piso y no les importe cepillar al perro.
No apropiado para: fanáticos de la limpieza y los que se resisten a dedicar mucho tiempo al cuidado del pelo.
Como miembro de la familia: alegre, agradable, inteligente y muy entregado a su dueño. Muestra desconfianza a los desconocidos. Es idóneo para las familias que viven en un piso.
Carácter de la raza: vigoroso, muy amistoso y decidido. Audaz, inteligente y vivaracho.
Enfermedades típicas: poco propensos.
Esperanza de vida: hasta 14 años y más.

Maltés (Bichón Maltés)

Es el más popular de la familia de los *Bichons*.

Talla, peso: alrededor de 23 cm; entre 3 y 4 kg.
Pelo, color: largo, sedoso, muy blanco o marfil pálido.
Apropiado para: todos los dueños que quieran disfrutar de un perro alegre y obediente aunque vivan en un piso pequeño, si no les importa cepillar y lavar asiduamente al perro.
No apropiado para: los que no quieran dedicar mucho tiempo al aseo del perro o no les gusten los perros pequeños.
Como miembro de la familia: jovial, alegre y juguetón, puede ser un compañero ideal para toda la familia. Debemos contener sus ladridos.
Carácter de la raza: agradable; si se le cría correctamente no se convertirá en un "peluche" temeroso. Convive bien con otros congéneres y, en ocasiones, es reservado con los desconocidos.
Enfermedades típicas: hay que prestar atención al cuidado de los ojos y la piel.
Esperanza de vida: hasta 14 años.

Principiantes Experimentados Especialistas Perro de piso Casa con jardín Cuidados

Mastín del Pirineo

Pariente del Mastín Español y del Perro de Montaña de los Pirineos.

Talla, peso: más de 72 cm las hembras, y más de 77 cm los machos. Peso proporcional a la alzada del ejemplar.
Pelo, color: blanco y negro o blanco y naranja, siempre con máscara. Pelo largo y muy tupido.
Apropiado para: los que buscan un perro impresionante y tienen sitio.
No apropiado para: los que viven en un apartamento o casa pequeña.
Como miembro de la familia: tranquilo y apegado. Si no fuera por su tamaño, estaría encantado viviendo en el salón. Sus antepasados ganaderos hacen de él un buen perro para las granjas y las casas con un gran jardín.
Carácter de la raza: tranquilo y afable con los animales de la casa (incluso con otros perros), no permite la presencia de machos ajenos a su entorno.
Enfermedades típicas: displasia de cadera y torsiones gástricas.
Esperanza de vida: hasta 10 años.

Mastín Español (Mastín Leonés)

Es el señor de los montes, el más querido por las ovejas y el más temido por los lobos. Noble y poderoso.

Talla, peso: más de 72 cm las hembras, y más de 77 cm los machos. Peso proporcional a la alzada.
Pelo, color: pelo muy tupido con subpelo. Puede ser de todos los colores y sus mezclas -leonados, atigrados, negros y pintos- son las más comunes.
Apropiado para: espacios amplios y tranquilos. Es recomendable para una casa con jardín, pero donde se encuentra a sus anchas es en una granja.
No apropiado para: la ciudad o una casa pequeña.
Como miembro de la familia: incorruptible protector de los niños. Apacible, pero sólo hasta que necesita mostrar su poder, por lo que es mejor evitar que los extraños se acerquen a él. Muy guardián y poco molesto con sus ladridos, aunque cuando los usa es imponente. Necesita pocos cuidados de adulto.
Carácter de la raza: noble, prudente y majestuoso, no es muy dado a los juegos pero tiene una gran paciencia. Durante milenios ha sido el guardián de los grandes rebaños de ovejas que recorrían el país en busca de pastos. En ocasiones las jornadas diarias superaban los 20 km, adaptándose a temperaturas extremas y siempre atento para evitar los ataques de los lobos o incluso los osos. Desconfiado con los extraños.
Enfermedades típicas: displasia de cadera y torsiones gástricas.
Esperanza de vida: hasta 10 años.

Mastín Napolitano

Obstinado gladiador, sus antepasados eran los compañeros de los legionarios romanos.

Talla, peso: de 60 a 80 cm. De 50 a 70 kg.
Pelo, color: pelo denso y liso de una longitud máxima de 1,5 cm. Color preferentemente negro, gris plomo o gris. Pueden tener pequeñas manchas blancas en el pecho y en los dedos. También son caoba, leonados o rojo cervato.
Apropiado para: expertos con ganas de un perro grande.
No apropiado para: principiantes que piensan en tener un perro grande y fuerte.
Como miembro de la familia: muy posesivo, en las relaciones con otros perros puede ser muy problemático, y sólo es de fiar para los miembros de la familia.
Carácter de la raza: combativo e inflexible. Poderoso y muy dominante con otros perros. No se somete fácilmente y es famoso por su fiereza.
Enfermedades típicas: son propensos a padecer entropión y problemas óseos durante el período de crecimiento. Displasia de cadera y torsiones de estómago.
Esperanza de vida: hasta 10 años.

Montaña de los Pirineos

Es el pariente galo del Mastín del Pirineo.

Talla, peso: de 65 a 80 cm. Entre 70 y 80 kg.
Pelo, color: pelo largo, espeso y liso. Es más largo en la parte posterior de las patas y en el cuello. El pelo es casi siempre blanco puro, pero puede tener manchas grises, amarillas o naranjas en la cabeza o en la cola.
Apropiado para: granjas y casas de campo con espacio.
No apropiado para: los que viven en casas pequeñas.
Como miembro de la familia: apegado. No tolera la injusticia. Se puede tener al aire libre en contacto con la familia.
Carácter de la raza: a pesar de su aspecto elegante, sigue siendo un rústico guardián. No es amigo de los extraños y, cuando está vigilando su territorio -sus animales en la granja o a la familia- puede ser peligroso acercarse.
Enfermedades típicas: displasia de cadera.
Esperanza de vida: hasta 10 años.

Pastor Alemán

El perro más apreciado del mundo y la raza canina más conocida.

Talla, peso: hasta 65 cm; de 30 a 43 kg. Los machos y las hembras deben distinguirse perfectamente.
Pelo, color: pelo compacto y denso con buen subpelo, pelo tupido en la cola. Negro con marcas regulares de color pardo, amarillo, gris claro o negro puro.
Apropiado para: quienes quieren un perro inteligente y disponen de tiempo para adiestrarlo. Para gente que necesita un buen perro guardián.
No apropiado para: personas mayores, delicadas y poco enérgicas, o para quienes tienen una vivienda reducida.
Como miembro de la familia: le agrada el contacto estrecho con su familia. Pueder ser ladrador.
Carácter de la raza: inteligente, muy dispuesto a la sumisión. Necesita un adiestramiento a fondo. Valiente, pero también de temperamento sensible. Utilizado inicialmente como perro de cabaña, desde la fundación (en 1899) de la Asociación de Perros de Pastor Alemanes (SV) desempeña múltiples funciones (salvamento, lazarillo, servicios de vigilancia en la policía, compañía).
Enfermedades típicas: displasia de cadera. Neurosis, angustia excesiva.
Esperanza de vida: hasta 14 años.

Pastor Catalán (Gos D'Atura)

Su origen se encuentra en el cuidado de los rebaños, y hoy en día es un perro de compañía muy apreciado.

Talla, peso: de 45 a 55 cm. Alrededor de 20 kg.
Pelo, color: largo y lacio o un poco ondulado, de tacto áspero y con abundante subpelo. Éste le cubre la cabeza formando barba y sobreceja, pero dejando ver los ojos. La capa puede ser de color barquillo, arena o gris.
Apropiado para: gente con las ideas claras, que quiere un perro tranquilo en casa y con ganas de correr en el exterior.
No apropiado para: inconsecuentes e indecisos.
Como miembro de la familia: es muy importante realizar una socialización consecuente y temprana, más aún si hay niños en la casa. Será un buen defensor de toda la familia y muy apegado a ella. Una correcta crianza hará de él un amigo insustituible.
Carácter de la raza: rústico y apacible, desconfiado con los desconocidos. Muy vigilante, austero y resistente a los agentes atmosféricos. En sus orígenes era el auxiliar imprescindible para el pastoreo.
Enfermedades típicas: displasia de cadera en algunos ejemplares.
Esperanza de vida: hasta 14 años.

Pastor de Brie (Briard)

"Corazón con pelo alrededor": así se describe a este perro de pastor en su patria francesa.

Talla, peso: hasta 68 cm; hasta 34 kg. Musculoso y bien proporcionado.
Pelo, color: espeso, largo, parecido al pelo de cabra. Todos los colores uniformes, excepto el blanco; son preferibles los colores oscuros.
Apropiado para: gente que sabe algo de perros, intuitiva y con mano firme.
No apropiado para: todos los demás, los principiantes y los "comodones".
Como miembro de la familia: perro duro con alma delicada. Perro doméstico ideal. Ama a sus dueños por encima de todo. Odia la soledad. Excelente perro para los niños. Protege la casa y a sus habitantes.
Carácter de la raza: vivo y despierto. Inteligente. Muy temperamental. Este perro, conocido también con el nombre de Perro de Pastor de Brie, apareció en la Edad Media para proteger rebaños y cabañas. Posteriormente se utilizó como perro oficial del ejército francés. Dado su pasado de guardián de rebaños, se recomienda iniciar muy pronto la socialización del cachorro.
Enfermedades típicas: muy sano.
Esperanza de vida: hasta 14 años.

Perro de Agua Español

Perro español, alegre y capaz de realizar múltiples funciones.

Talla, peso: de 40 a 50 cm. Entre 12 y 20 kg.
Pelo, color: el pelo es rizado, ondulado si está cortado, y acordelado cuando es largo. El color es blanco, negro o marrón con diferentes intensidades. También pueden ser bicolores: blancos y negros, o blancos y marrones.
Apropiado para: todos los públicos. Solitarios o familias que viven en el campo o en la ciudad.
No apropiado para: los que quieren un perro muy pequeño y tranquilo.
Como miembro de la familia: la familia con la que viva será su pasión. No le interesan demasiado los otros perros y no requiere excesivos cuidados. Atendiendo básicamente su higiene será un compañero ideal. No pierde pelo.
Carácter de la raza: apegado, sociable e inteligente. Muy fácil de educar, e incluso de adiestrar para diversas tareas.
Enfermedades típicas: otitis.
Esperanza de vida: hasta 11 años o más.

Podenco Ibicenco (Ca Eivisenc)

Su estampa puede verse claramente en las tumbas de los faraones egipcios.

Talla, peso: de 60 a 72 cm. Alrededor de 25 kg.
Pelo, color: los más comunes son de pelo liso y de pelo duro, pero también hay ejemplares de pelo largo. Blanco, rojo, o bicolores blanco y rojo.
Apropiado para: independientes y aficionados al campo que le vayan a facilitar muchas carreras.
No apropiado para: sedentarios y a los que les gusta mucho la ciudad.
Como miembro de la familia: sedentario, normalmente elige una sola persona de referencia. Imprescindible habituarle mucho de cachorro si tienen que vivir en la ciudad, lo que no es muy recomendable. Necesita educación y firmeza.
Carácter de la raza: es un perro muy primitivo y rústico ha conservado las cualidades físicas y psíquicas de los antiguos podencos cazadores del Mediterráneo hasta la actualidad. Desconfiado y en ocasiones tímido, se transforma cuando está en el campo.
Enfermedades típicas: no se conocen.
Esperanza de vida: hasta 10 años.

Pointer

El "perro de muestra" por excelencia es un inglés de origen español.

Talla, peso: de 61 a 70 cm. Alrededor de 25 kg o más.
Pelo, color: corto, liso y brillante. Los colores de la capa son: limón y blanco; naranja y blanco; hígado y blanco, y negro y blanco. También pueden ser monocolores o tricolores en base a estos colores.
Apropiado para: deportistas.
No apropiado para: dueños con poco tiempo y los que viven en zonas muy frías
Como miembro de la familia: excelente perro de familia, su carácter afable y bonachón lo repartirá entre todos y también con las visitas. Necesita hacer ejercicio regularmente, pero es muy tranquilo dentro de casa.
Carácter de la raza: activo, resistente y veloz. Su musculado cuerpo le confiere un aspecto atlético.
Enfermedades típicas: sordera y displasia de cadera en algunos ejemplares.
Esperanza de vida: hasta 12 años.

Pomerania (Spitz Alemán Enano)

Más conocido popularmente como *Lulú*, es el más pequeño de la familia de los perros de tipo Spizt europeos.

Talla, peso: máximo 22 cm. El peso ronda los 2 kg, y es algo superior en las hembras.
Pelo, color: muy largo, rígido y muy tupido, más largo aún en el cuello y la cola. Color naranja, negro, gris, blanco o marrón.
Como miembro de la familia: sensible y devoto de su dueño. No le gustan los cambios de ambiente, y mucho menos de familia. Muy reservado y huidizo con los extraños. Es preciso cepillarle regularmente. Es algo ladrador y con un tono muy agudo.
Carácter de la raza: alegre, despierto y cariñoso. Muy inteligente y rápido aprendiendo por su acusada memoria.
Enfermedades típicas: conjuntivitis en algunas ocasiones.
Esperanza de vida: hasta 14 años.

Rottweiler

Perro de los carniceros de Württemberg, se llama así por la ciudad de Rottweil (Alemania).

Talla, peso: hasta 68 cm de alzada; hasta 58 kg. Robusto y primitivo.
Pelo, color: pelo adherente áspero, corto, con buen subpelo. Negro intenso con marcas bien delimitadas de color pardo rojizo intenso sobre los ojos, alrededor del hocico, en las mejillas, en el pecho y en las patas.
Apropiado para: familias deportistas con niños que disponen de un jardín.
No apropiado para: no deportistas y principiantes.
Como miembro de la familia: excelente guardián, aunque no ladra. Actitud expectante, prevenido. Muy buen perro para la familia.
Carácter de la raza: desarrollo físico y psíquico lento, con buena capacidad de aprendizaje. De carácter firme, no es salvaje ni vagabundo. Criado en épocas pasadas para guardar y conducir el ganado, y posteriormente al servicio de la policía y del ejército. Gran necesidad de alimentos.
Enfermedades típicas: estrechamiento de la fisura del párpado (entropión); displasia de la cadera casi desaparecida. Sanitariamente robusto.
Esperanza de vida: hasta 10 años.

Samoyedo

El "osito de felpa" blanco del Norte tiene buenas aptitudes.

Talla, peso: de 46 a 56 cm; de 22 a 30 kg.
Pelo, color: largo, suelto, con subpelo tupido; excelente protección contra las inclemencias climáticas. Blanco puro, blanco con galleta, crema, puntas del pelo plateadas.
Apropiado para: familias y gente con animales que cuidar.
No apropiado para: gente a la que no le gustan los perros de pelo largo ni quiere dedicar mucho tiempo a su aseo.
Como miembro de la familia: bellísimo y cariñoso perro para la familia, que por su historia está predestinado al hombre, al que se entrega.
Carácter de la raza: son perros alegres, que aceptan todos los juegos y todas las tareas. Esta alegría de vivir y su evidente afabilidad son típicas de la raza. Dada su carencia de instinto venatorio, las tribus nómadas del Norte de Siberia Central los criaron inicialmente para cuidar a sus renos y arrastrar sus trineos.
Enfermedades típicas: enfermedades cutáneas y oculares, patologías renales propias de la familia.
Esperanza de vida: hasta 14 años.

San Bernardo

Un gigante cuidadoso, que ejerce una gran fascinación en los niños. Excelente perro guardián.

Talla, peso: hasta 70 cm; de 70 a 80 kg. Cuerpo musculoso y cabeza poderosa.
Pelo, color: semilargo, de liso a ligeramente ondulado, corto y muy tupido en los perros de pelo adherente. Blanco con rojo, rojo con blanco, el rojo en diversos tonos. Patas, pecho y extremo de la cola blancos.
Apropiado para: gente con mucho espacio (casa de campo) y con sentido de la "monumentalidad".
No apropiado para: quienes no mantienen relación alguna con las grandes proporciones.
Como miembro de la familia: fabuloso perro para niños, no muy ruidoso. No es amigo de moverse mucho, aunque puede adiestrarse para los paseos. Sensible y muy apegado.
Carácter de la raza: tranquilo hasta llegar a ser flemático. Valiente, con espíritu de lucha y dureza. Aprende con facilidad. Los San Bernardo vivieron su época dorada a principios del siglo XIX, cuando eran los perros de salvamento del hospicio del Gran San Bernardo. Gran necesidad de alimentos.
Enfermedades típicas: en conjunto es muy resistente, propenso a las enfermedades de la piel, a los párpados doblados hacia el interior y a la displasia de la cadera. Atención a la torsión del estómago.
Esperanza de vida: hasta 10 años.

Schnauzer Estándar

Extremidades sólidas, robusto, con un aspecto exterior muy marcado.

Talla, peso: de 45 a 50 cm; 15 kg. Más rechoncho que alargado.
Pelo, color: áspero, duro y tupido; es típica la barba dura. Negro puro y pimienta y sal.
Apropiado para: gente que prefiere ser a parecer.
No apropiado para: indecisos o "blandos de corazón".
Como miembro de la familia: excelentes guardianes. Su fuerte sentido de la propiedad se manifiesta constantemente. Es juguetón hasta edad avanzada.
Carácter de la raza: sensibilidad psíquica. Desconfiado frente a los desconocidos, valiente. En épocas pasadas mantenían los corrales libres de ratas y acompañaban a los carreteros.
Enfermedades típicas: poco propenso a enfermar. En determinadas familias propensión a los cálculos urinarios.
Esperanza de vida: hasta 12 años y más.

Schnauzer Gigante

El "grandullón" de los schnauzers es un buen perro de utilidad.

Talla, peso: de 60 a 70 cm. Alrededor de 40 kg.
Pelo, color: negro o sal y pimienta.
Apropiado para: los que quieren un perro de verdad. Es un buen perro de familia; si la casa es grande y dedicamos el tiempo necesario a sus paseos puede vivir perfectamente en la ciudad.
No apropiado para: principiantes y gente que quiere un perro pequeño o mediano.
Como miembro de la familia: se adapta sin problemas, pero hay que ser muy firmes (sin dureza) en su educación. Es un buen guardián y protector. Hay que tener cuidado con los ladridos, puede usarlos con demasiada frecuencia. No soportará el ser desplazado por su dueño, es para toda la vida.
Carácter de la raza: sensible con su dueño y desconfiado con los desconocidos. Impetuoso y decidido.
Enfermedades típicas: ninguna específica, las propias de las razas grandes.
Esperanza de vida: hasta 10 años.

Schnauzer Miniatura

Pequeño y vigoroso barbudo. Es alegre, vigilante e inteligente.

Talla, peso: de 30 a 35 cm. De 5 a 7 kg.
Pelo, color: el pelo debe ser duro y tupido. Hay schnauzers miniatura negros, blancos, negro y plateado y sal y pimienta, que es el más común.
Apropiado para: todos los públicos, pero los muy aficionados a las caminatas por el campo deben de tener en cuenta su pequeño tamaño. También debemos pensar en el cuidado de su pelo si queremos conservar una correcta capa de pelo duro.
No apropiado para: casi nadie. Hay que educarle bien para que no se convierta en un maniático ladrador; su afán por vigilar la casa y avisar de todo lo extraño puede ser un pequeño problema en un apartamento.
Como miembro de la familia: es su lugar. Con un poco de atención que prestemos a su educación, será el perro de todos y podremos ir con él a cualquier sitio.
Carácter de la raza: es intrépido y perseverante. Excelente compañero y vigilante (a veces excesivo).
Enfermedades típicas: Cataratas en la vejez.
Esperanza de vida: hasta 14 años o más.

Scottish Terrier (Terrier Escocés)

Su imagen ha sido muy utilizada en la publicidad.

Talla, peso: cercano a los 25 cm. Entre 8 y 10 kg.
Pelo, color: negro, trigueño o atigrado de cualquier color.
Apropiado para: casi todos, aunque conviene tener experiencia antes para disfrutar de un buen Terrier Escocés.
No apropiado para: inconsecuentes que quieren un perro para alardear.
Como miembro de la familia: excelente compañero de todos los miembros de la familia. Buen guardián y de boca temerosa. Apenas ladra.
Carácter de la raza: muy vivo y ágil a pesar de sus cortas patas, su imagen es la de un perro potente y activo en tamaño reducido. Leal, fiel, digno, valiente y muy inteligente. También tenaz y algo díscolo e independiente.
Enfermedades típicas: problemas del esqueleto y calambres.
Esperanza de vida: hasta 14 años.

Setter Inglés

Polivalente: perro de compañía y excelente cazador.

Talla, peso: de 61 a 68 cm. De 20 a 25 kg.
Pelo, color: largo, fino y sedoso. Blanco con manchas naranjas (*Orange Belton*), blanco con manchas negras (*Blue Belton*), o tricolor (blanco, negro y naranja).
Apropiado para: aficionados al campo, deportistas y para los que quieren un fiel amigo.
No apropiado para: los que disfrutan con una vida sedentaria.
Como miembro de la familia: se adapta con facilidad a todas las circunstancias. Necesita atención y cariño de la familia. No es ladrador, ni especialmente travieso. Estará feliz con su familia en el salón, pero prestará especial atención a quien se ocupe de sus paseos.
Carácter de la raza: noble, fiel, activo y equilibrado. Sensible y muy fácil de educar debido a la devoción que siente por su dueño. En su educación se requiere control para evitar que se olvide de nosotros cuando se interpone su otra pasión: los pájaros.
Enfermedades típicas: sordera, displasia de cadera y dermatitis.
Esperanza de vida: hasta 14 años.

Setter Irlandés

Espléndida figura de lujo con mucho temperamento, tras la cual se oculta un cazador implacable e incansable.

Talla, peso: de 63 a 68 cm de alzada; de 27 a 32 kg. Esbelto, elegante y musculoso.
Pelo, color: tupido, liso, planchado, en parte corto y en parte semilargo, con bordes en forma de flecos en el vientre, el pecho y el cuello. Rojo castaño intenso sin rastro de negro; se admite una pequeña mancha blanca en el pecho, en los dedos o en la frente.
Apropiado para: estetas residentes en viviendas entre normales y grandes, que pasean o andan en bicicleta 2 horas o más al día.
No apropiado para: gente a la que no le gusta salir o que tiene una mano dura.
Como miembro de la familia: guardián regular. Pérdida natural del pelo. Muy apegado y con gran necesidad de contacto.
Carácter de la raza: según haya sido criado, puede ser desde psíquicamente insensible hasta supersensible. Independiente e inteligente. Si sale demasiado poco, obstinado y terco. En los casos de sobrecría, sensible al ruido y hasta miedoso. Desde hace 200 años es, en sus tres clases, el perro de muestra de pelo largo de las Islas Británicas.
Enfermedades típicas: existe poca información sobre enfermedades específicas.
Esperanza de vida: hasta 15 años.

Principiantes Experimentados Especialistas Perro de piso Casa con jardín Cuidados

Shar Pei

El aspecto inconfundible de esta raza china está marcado por las arrugas de su piel.

Talla, peso: alzada entre 48 y 58 cm, y peso entre 18 y 29 kg.
Pelo, color: Corto, duro y erizado. Su textura y las arrugas que se forman en la cabeza y en el cuello son la peculiaridad más visible de la raza. Negro, negro azulado, rojo, cervato y crema.
Apropiado para: dueños con experiencia y caprichosos. Es vigilante y muy jerárquico, en especial con otros perros.
No apropiado para: quienes quieran un perro obediente y de trato fácil.
Como miembro de la familia: no estará incómodo en ningún ambiente ni necesita excesivas atenciones, salvo en el cuidado de su piel. Es además muy silencioso. No es fácil en el trato con otros perros.
Carácter de la raza: es una raza rústica y austera, con conductas propias de los perros de lucha que fueron sus ancestros. Su tendencia a la dominancia, en especial con sus congéneres, y su gran dureza física y psíquica necesitan de un trato serio en su educación para poder disfrutar con él. Una correcta crianza en las primeras semanas es muy importante para facilitar su convivencia cuando sea adulto.
Enfermedades típicas: entropión y problemas en la piel.
Esperanza de vida: hasta 14 años.

Shih Tzu

Elegante y distinguido. Embajador de Oriente y portador de leyendas imperiales.

Talla, peso: máxima 26,7 cm. De 4,5 a 7, 3 Kg.
Pelo, color: largo y sedoso, nunca rizado. El pelo de la cabeza, si está sin cortar, debe sujetarse para evitar problemas oculares y facilitar la visión. Puede ser bicolor o tricolor, y admite todos los colores; los criadores aprecian que tenga una zona blanca en forma de llama en la cara y en la cola.
Apropiado para: familias y personas dispuestas a ceder su sofá y cepillar al perro.
No apropiado para: dueños muy deportistas, poco meticulosos, o no dispuestos a dedicar su tiempo en el cepillado y baño.
Como miembro de la familia: idóneo para todas las edades. Será un gran compañero sin mucha necesidad de salir de casa.
Carácter de la raza: muy agradable y dúctil. Fácil de educar y, sin duda, de lo más simpático y cariñoso. Su porte es altivo y elegante. Sociable, jovial y divertido.
Enfermedades típicas: problemas respiratorios. Requiere atención y cuidado de los ojos y la piel.
Esperanza de vida: hasta 14 años y más.

Stafford Americano
(American Staffordshire Terrier)

El atleta más forzudo y tenaz de la especie canina.

Talla, peso: de 43 a 48 cm. Alrededor de 25 kg. Constitución muy compacta y musculosa.
Pelo, color: corto y liso. Todos los colores, excepto el blanco completo, negro y fuego e hígado.
Apropiado para: dueños constantes, con mucha experiencia y muy deportistas.
No apropiado para: los que quieran relajarse con su perro en el parque o dejarlo solo en el jardín todo el día. Personas mayores, con poca forma física, niños, o para aquéllos que crean que el perro se educa solo.
Como miembro de la familia: si la educación es correcta y la familia entera sabe manejarlo será un excelente compañero y guardián.
Carácter de la raza: muy fuerte, propio de los perros luchadores. Su resistencia física y su fortaleza, unidas a su dinamismo y facilidad para apresar (instinto de caza), hacen de él un perro de difícil manejo y control cuando no se tiene experiencia con este tipo de perros. Por estos motivos, en su relación con otros perros y personas exige el máximo control. Su crianza debe ser meticulosa y su educación rígida.
Enfermedades típicas: es una raza muy resistente. Conviene cuidar su piel.
Esperanza de vida: hasta 14 años.

Staffordshire Terrier

El Kennel Club inglés reconoció esta raza en 1935.

Talla, peso: de 35 a 40 cm, la talla debe ser proporcional al peso del ejemplar (que está establecido entre 11 y 17 kg).
Pelo, color: corto, fino y liso.
Apropiado para: jóvenes activos y deportistas o gente con experiencia.
No apropiado para: inexpertos en el trato con los perros, y para los que carecen de espacio o tiempo.
Como miembro de la familia: muy fiel y afectuoso con su dueño y su familia. Aunque su temperamento es fiable, no conviene quitarle la vista si está con otros congéneres. No requiere demasiados cuidados específicos.
Carácter de la raza: tenaz, de coraje indómito y muy activo. Inteligente, afectuoso y muy audaz.
Enfermedades típicas: problemas de piel en algunas ocasiones.
Esperanza de vida: hasta 12 años.

Téckel

Criado inicialmente como perro de madriguera y defensor. Para el cazador es un perro universal.

Talla, peso: diversidad de tallas y de pesos. Téckel normal: de 35 a 45 cm como máximo; de 5 a 9 kg. Téckel Enano: hasta 35 cm; 4 kg. Téckel Conejero (*Kaninchen*): hasta 30 cm; hasta 3,5 kg.
Pelo, color: hay tres tipos de pelo. Pelo largo: suave, liso, sedoso, en la cola en forma de penacho; monocolor rojo, o bicolor negro pardo. Pelo áspero (fotografía): duro, tupido, entrecruzado de subpelo; perilla y cejas pobladas; todos los colores, especialmente el color jabalí. Pelo corto: corto, tupido, brillante; monocolor rojo o bicolor negro pardo.
Apropiado para: cualquiera.
No apropiado para: los inconsecuentes.
Como miembro de la familia: bien educado, mejor de lo que dicta su fama. Buen vigilante aunque ruidoso. Sociable en la familia.
Carácter de la raza: duro, vivaracho. Valiente, marcada personalidad, astuto e inteligente. En la finca guardián fiel, enérgico y seguro.
Enfermedades típicas: patologías de la columna vertebral (cojera, reuma, osificaciones). Los machos son propensos a los cálculos urinarios: "rabia del Cócker" en los téckel de pelo largo rojo.
Esperanza de vida: hasta 14 años.

Tervueren (Pastor Belga Tervueren)

Perro de pastor belga de singular aspecto. Necesita realizar una tarea clara.

Talla, peso: de 56 a 66 cm; aprox. 28 kg.
Pelo, color: semilargo, recto y abundante, con subpelo muy tupido. Pálido o caoba, con barbas negras.
Apropiado para: gente con familia o que se pasa mucho tiempo al aire libre.
No apropiado para: gente a la que no le gusta pasear o no quiere dedicar mucho tiempo al cuidado de los perros de pelo largo.
Como miembro de la familia: extraordinario por sus cualidades de guardián.
Carácter de la raza: perros muy versátiles y ágiles que, además de guardar rebaños, son capaces de realizar muchas otras tareas, por ejemplo en los servicios de salvamento, en el ejército y en la policía. Aprenden bien y están muy entregados a su dueño. Criados en un principio exclusivamente en una región belga como perros de pastor, se encuentran bien en el exterior haga el tiempo que haga.
Enfermedades típicas: alteraciones nerviosas en casos poco frecuentes.
Esperanza de vida: hasta 10 años.

West Highland White Terrier (Westi)

Perro con un encanto irresistible.

Talla, peso: 28 cm de alzada; de 8 a 10 kg de peso. Cuerpo compacto.
Pelo, color: pelo de cobertura duro y subpelo tupido, corto, suave y casi adherente. Blanco puro sin tonos amarillos.
Apropiado para: quienes buscan un "gran" perro agradable y pequeño y están en condiciones de dedicarle mucho tiempo.
No apropiado para: gente que quiere un perrito dulce y gracioso para alardear.
Como miembro de la familia: alegre, amigo de los niños; verdadero compañero. No es ladrador. Excelente guardián con unos dientes asombrosamente fuertes.
Carácter de la raza: muy seguro de sí mismo frente a otros perros. Robusto, poderoso e íntegro. El West Highland White Terrier fue criado a mediados del siglo XIX en Escocia como perro de madriguera blanco para no confundirlo con la caza.
Enfermedades típicas: patologías de la cadera en la juventud (enfermedad de Perthes), prurito y dermatitis como reacciones alérgicas.
Esperanza de vida: hasta 14 años.

Yorkshire Terrier (Yorki)

Miniatura valiente y de hermoso pelo; en el pasado fue el "arma de bolsillo" de los cazadores furtivos.

Talla, peso: hasta 23 cm; hasta 3,1 kg. Por debajo de los 2 kg queda fuera del estándar. Gracioso, compacto y bien proporcionado.
Pelo, color: largo, liso y suave, sedoso, sin subpelo. Se extiende como un manto sobre el cuerpo. Azul acero oscuro desde la parte posterior de la cabeza hasta el arranque de la cola; marrón rojizo vivo en cabeza, pecho y piernas, más oscuro en las orejas.
Apropiado para: gente que quiere tener un perro, aunque viva en pisos muy pequeños, y no tenga inconvenientes en dedicar mucho tiempo al cuidado de su pelo.
No apropiado para: gente a la que no le gusta llevar el perro en brazos.
Como miembro de la familia: agradable y atento. Puede ladrar mucho. Adaptable, muy juguetón y, por tanto, buen perro para los niños.
Carácter de la raza: no teme a los perros mayores. Fue criado en épocas pasadas como perro de caza para entrar en tejoneras y zorreras.
Enfermedades típicas: patologías de la columna vertebral con cojera. Deformaciones craneales en Yorkshire de menos de 20 cm. Estos "superenanos" son con frecuencia nerviosos y hasta neuróticos.
Esperanza de vida: hasta 14 años.

Cinología de la A a la Z

Las entradas con sus breves comentarios tratan de ampliar los conocimientos sobre las razas caninas. Al completar las fichas de las diferentes razas o profundizar en ellas, facilitan al dueño de un perro las formulaciones técnicas indispensables para acudir a una exposición.

A

Amputar

Cortar la cola y/o las orejas de los cachorros según el estándar de la raza respectiva. La Ley de Protección Animal prohíbe esta práctica en algunos países.

Apareamiento incestuoso

Apareamiento de dos ejemplares estrechamente unidos entre sí por razones de parentesco. En los animales salvajes es muy frecuente que no se presenten resultados negativos.

Árbol genealógico (o pedigrí)

Representación en forma de árbol de todos los descendientes de una pareja.

Atigrado

Franjas oscuras sobre piel clara, como en el Bóxer o en el Dogo Alemán.

Azul mirlo *(blue merle)*

Arlequinado de los collies, los dogos alemanes y los téckel. El factor hereditario *mirlo* puede ir acompañado de defectos tales como la ceguera o la sordera.

C

CAC

Certificado de Aptitud de Campeón. Certificado para optar al Campeonato Nacional de Belleza en las exposiciones.

CACIB

Certificado de Aptitud para el Campeonato Internacional de Belleza. Certificado para optar al Campeonato Internacional de Belleza. Es el máximo trofeo de las exposiciones internacionales.

CACIT

Certificado de Aptitud para el Campeonato Internacional de Trabajo. Certificado poco frecuente para optar al Campeonato Internacional de Trabajo, reservado a los perros de utilidad y de caza.

CACT

Certificado de Aptitud para el Campeonato de Trabajo. Certificado para optar al Campeonato Nacional de Trabajo, reservado para perros de utilidad o de caza.

Calificación

Valoración de los perros en las exposiciones caninas atendiendo a su belleza. Calificaciones: Excelente, Muy Bueno, Bueno, Bastante Bueno. La valoración se basa en el estándar de la raza.

Carácter

Suma de las características y peculiaridades que poseen los individuos de una raza o que se presentan juntas: temperamento, interés por aprender, constancia, instinto de caza o fidelidad singular. El carácter establece si una determinada raza es la idónea para una determinada persona.

Clases

Grupos establecidos en las exposiciones y concursos caninos para separar a los diferentes participantes en relación a la edad, sexo, o a los títulos y certificados que posea.

Cola en espiral

Se enrolla sobre el lomo o se lleva a un lado.

Constitución

Complexión adquirida por herencia, capacidad de resistencia a las influencias exteriores y capacidad de actividad física.

Cría consanguínea

Intento de reforzar las cualidades deseadas mediante el apareamiento de individuos unidos por parentesco (procreación en consanguinidad) y de eliminar las menos deseadas.

Cría de perros

No está sometida a una reglamentación especial. Un criador no necesita una cualificación especial.

Cría deforme

Razas en las que se han desarrollado artificialmente deformidades físicas atendiendo a un "ideal de belleza" o buscando un "aspecto original".
Por ejemplo, el Bulldog Francés nace con cesárea debido a su enorme cabeza y a la estrechez de la pelvis.

Criador

Dueño de una perra de cría en el momento de la cubrición o del nacimiento del cachorro.

Cruce

En la cría de perros, apareamiento de dos individuos de la misma raza.

Cruz

Parte de la columna vertebral situada entre las paletillas (sin sobrepasarlas). Punto de partida para medir el tamaño del perro.

D

Dominante

Factor hereditario que se hereda visiblemente desplazando a otros. En los schnauzer, por ejemplo, el gen del negro es dominante frente al de la sal y pimienta.

E

Estándar

O stándar de raza. Descripción del tipo ideal, de una raza con todas sus características.

Examen del perro de utilidad

A él se someten el perro y su dueño en un club deportivo de perros de utilidad, o en las Sociedades Caninas. Teniendo en cuenta la edad del animal se han establecido tres niveles, que deben superarse sucesivamente.

F

Factor letal

Factor hereditario que da lugar a graves malformaciones y, en ocasiones, a nacidos muertos. Se asocia con frecuencia a otras características que, sin embargo, son muy buscadas en la cría. Así, por ejemplo, la sordera va unida al color blanco (Bull Terrier) o a las manchas negras del Dálmata. Los factores letales pueden ser recesivos y permanecer ocultos; sólo aparecen en la procreación en consanguinidad.

Fenotipo

El aspecto exterior de un perro. Surge de la acción combinada de los factores hereditarios (genotipo) y de la influencia del ambiente.

Fuego

Manchas de color entre rojo y tostado en perros de tonos oscuros, generalmente negros.

G

Grupo de cría

Presentación en una exposición de al menos tres perros de una raza de un mismo criador.

H

Hound

En inglés, perro de caza frente al perro en general (*dog*).

J

Juez

Es quien califica a los perros en las exposiciones de belleza y en las competiciones de utilidad.

L

Libro de Orígenes Español (LOE)

Libro de Registro donde se inscriben todos los perros de raza con genealogía reconocida. Las genealógicas de perros que no constan en el libro genealógico no tienen valor alguno.

Línea de mulo

Marca en el pelaje; es oscura, tiene forma de franja, y se extiende desde el pescuezo hasta la punta de la cola. La tienen, por ejemplo, los carlinos.

Línea de sangre

Sucesión genealógica definida de una familia de perros de una misma raza y variedad. La expresión tiene su origen en el falso supuesto de que la sangre es la portadora de los factores hereditarios.

Lomo encarpado

Lomo muy arqueado, que generalmente se considera deforme. Es típico del Bulldog y del Galgo Italiano.

M

Marcas

Manchas aisladas pardas, grises, negras o de otro color, situadas como distintivos en la cabeza y en el cuerpo de los perros blancos o de otro color.

Máscara

Zona de color de la cara del perro; es simétrica, presenta perfiles netos y destaca sobre el color de fondo. Por ejemplo, en el San Bernardo (parda) y en el Bóxer (negra).

Microchip (Chip)

Un perro se marca colocando bajo la piel de su cuello un chip, que es un pequeño reflector magnético. Los datos introducidos pueden consultarse a través de un lector especial. De este modo, tanto el perro como su dueño son netamente identificables .

O

Oreja de murciélago

Oreja tiesa alargada, ancha en la base y de punta redonda, como en el Bulldog Francés.

Oreja doblada

En la oreja doblada alta sólo cae hacia delante el extremo de la punta (como en el Collie); en la oreja doblada pesada cae hacia delante el tercio superior (como en el Fox Terrier).

Oreja en rosa

Oreja de perro con el pabellón del oído plegado hacia atrás. La punta se dirige hacia abajo y facilita una visión parcial del interior del pabellón auditivo, como en el Bulldog Inglés.

Oreja plegada

Oreja de longitud media, de inserción alta, con los lóbulos caídos hacia delante, como en los carlinos.

Oreja tiesa

Oreja que se mantiene erecta.

P

Papada

Piel colgante de la garganta, como en el San Bernardo y en el Mastín.

Pelo compacto

Pelo originario formado por un subpelo tupido y un pelo de cobertura semilargo, como en el Pastor Alemán.

Pelo corto

También se llama pelo liso. Pelo muy corto y tirando a liso, como en el Bóxer y en el Dobermann.

Pelo duro

Pelo de cobertura duro y áspero al tacto, corto o de longitud media, que se levanta en distintas direcciones, como en el Téckel de pelo duro.

Pelo hirsuto

Pelo muy largo y basto, como en el Pastor Catalán.

Pelo largo

Pelo de cobertura suave y largo con buen subpelo, como en el Terranova, o sin subpelo, como en el Setter. Cuando el subpelo es espeso y el pelo de cobertura no caído se habla de pelo compacto largo.

Pelo liso

Véase pelo corto.

Pelo ondulado

Pelo duro, de longitud media y áspero, que se levanta muy poco.
El pelo de cobertura y el subpelo están ondulados, como en el Galgo Ruso (*Borzoi*). El pelo ondulado fuerte se llama pelo rizado.

Pelo rizado

Cada pelo es crespo y tiende a enredarse.

Penacho

Pelos largos de la parte inferior de la cola.

Perrera

- Recinto vallado en el que el perro se aloja al aire libre.
- Criadero: conjunto de los perros de un criador, registrado con el nombre autorizado por el departamento del Registro Pecuario.

Perros de caza

Razas apropiadas para el ejercicio de la caza, por lo cual deben estar exclusivamente en manos de cazadores. Entre los perros de caza están los rastreros, los de muestra, los de madriguera y los sabuesos.

Perros enanos (miniatura)

Perro pequeño de crecimiento equilibrado y de formas físicas bien proporcionadas. No debe confudirse con el enanismo, que es un trastorno del crecimiento. Las formas enanas se crían a partir de diversas razas de tamaño medio.

Pigmentación

Acumulación de sustancias colorantes en los bordes de los párpados, en la trufa y en el contorno de los labios. Muy apreciada en perros blancos.

Procreación en consanguinidad

Apareamiento de dos animales consanguíneos que no da lugar a taras hereditarias (tampoco aparecen otras disposiciones de animales ajenos), aunque pueden presentarse taras existentes en la herencia. Una procreación en consanguinidad adecuada puede eliminar defectos en una línea de cría.

Pureza de raza

El árbol genealógico acredita que un perro procede de una raza genuina.

R

Razas

Subgrupos de los animales domésticos de una especie, que se distinguen entre sí por determinadas características típicas. Las razas se clasifican según criterios subjetivos.

Recesivo

Lo contrario de dominante. Los factores hereditarios recesivos no son exteriormente visibles, pero están en la herencia y emergen en una generación posterior.

Ruano

Capa que presenta pequeñas manchas de un color, generalmente blanco, alternadas con otras de similar tamaño y diferente color. Se da en razas como los Cócker Inglés o en los Epagneul Bretón.

S

Sal y pimienta

Así se denomina al color que presenta un pelo de cobertura oscuro con puntas claras.

Seco

Perro musculoso sin acumulación de grasas y con una piel fina y muy adherida, por ejemplo el Bull Terrier.

Selección artificial

En condiciones normales el criador es el que elige para la procreación los ejemplares que, en su opinión, poseen las cualidades buscadas.

Sobrecría

Extremando mediante la cría características tales como la talla, ciertas partes del cuerpo o el aspecto general, pueden aparecer defectos y degeneraciones, y también ciertos trastornos del comportamiento (*véase* también cría deforme).

Stop

Depresión frontal muy marcada en el arranque de la nariz.

Subpelo

Pelo lanudo bajo el pelo de cobertura; protege en invierno del frío y en verano de los rayos solares.

T

Talla

- perros miniatura: altura de la cruz con un máximo de 24 cm;
- perros pequeños: altura de la cruz de hasta 34 cm;
- perros medios: altura de la cruz de hasta 70 cm;
- perros grandes: altura de la cruz de más de 70 cm.

Tan

En inglés, color entre amarillo y tostado: canela (por ejemplo el Terrier Negro y Fuego).

Tatuaje

Marcación de los cachorros de ciertas razas con su número del libro de cría en la oreja o en la parte interna del muslo. La operación se realiza con tenacillas especiales.

V

Variedades cromáticas

Diferentes colores de pelo en la misma raza, como en el Cócker Spaniel.

Índice temático

Las páginas en negrita remiten a las ilustraciones.

A

B

C

D

E

F

G

H

I

J

L

M

N

O

P

Índice de las razas

Direcciones

Asociaciones/Federaciones:
Fédération Cynologique Internationale (FCI),
13 Place Albert I,
B-6530 Thuin
Bélgica
www.fci.be/spanish/

Real Sociedad Canina de España
Lagasca, 16
28001 - Madrid
Tel.: 91/4264960
www.rsce.es

El autor:
Ulrich Klever, autor de numerosos libros sobre perros y honrado con varias distinciones internacionales, se dedicó "en cuerpo y alma" a sus propios perros. Sus libros se basan en las experiencias prácticas adquiridas a través de su convivencia con los perros y en sus conocimientos científicos de zoólogo. Para él, una relación satisfactoria entre el hombre y el perro es un objetivo declarado, alcanzable a través de un cuidado y una educación "con la cabeza y el corazón".
Este trabajo actualizado cuenta con la colaboración de Katharina Seybold, que trabaja como veterinaria en Nussdorf bei Rosenheim. En él, fusiona la medicina tradicional con los métodos de la naturopatía como son la acupuntura, la medicina de las hierbas china o la kinesiología para animales.

La fotógrafa:
Christine Steimer, también dueña de perros, se ha especializado en la fotografía de los perros de asilo y domésticos tras sus estudios fotográficos y su experiencia de meritoria en la *dpa* en 1990. Trabaja para editoriales internacionales, para revistas especializadas y para agencias de prensa.

Todas las fotografía de este libro son de Christine Steimer, **excepto** las siguientes: Bilder Pur (Francais/Cogis): p. 117 der.; (Klein Hubert): p. 126 der., 127 der.; (Steimer): p. 122 der.; (Vedie/Cogis): p. 120 der.; (Weimann): p. 68; (Zack BurriesInc.): pp. 144-149); IFA Bilderteam/Arco Images: portada, contraportada; Juniors: p. 137 der.; (Botzenhardt): p. 136 der., 140 der.; (Essler): p. 125 der.; (Köpfle): p. 143 der.; (Krämer): p. 120 iz.; (Putz): p. 135 iz.; (Schanz): p. 127 iz., 143 iz.; (Steimer): p. 76 inf.; (Wegler): p. 115 iz., 116 der., 118 der., 119 iz., 121 der., 134 iz., 138 der.; (Wegner): p. 117 iz., 138 der.; Krämer: p. 119 der.

La ilustradora:
Renate Holzner trabaja por libre como ilustradora y artista en Donaustauf, cerca de Ratisbona (Alemania). Su amplio repertorio se extiende desde la ilustración rigurosamente objetiva hasta la pintura libre. Entre sus clientes aparecen destacadas editoriales dedicadas a la impresión de libros de documentación y de arte.

Agradecimientos:
La editorial agradece su ayuda al despacho de abogados Reinhard Hahn por las cuestiones jurídicas.

Las fotos de cubierta y contra:
Cubierta: Golden Retriever.
Contra: perros jugando (izquierda); cordial relación entre el hombre y el perro (centro); un Beagle hace sus primeras inspecciones en las flores (derecha).

Fotos grandes:
página 4: el Perro de Pastor Australiano es un auténtico guardián; página 8: un perro bastardo se sacude después del baño; página 10: lamiendo al cachorro la madre del Golden Retriever consolida la unión; página 16: los perros amantes del agua cobran las piezas incluso en aguas frías; página 26: la relación hombre-perro termina siendo armónica cuando se ocupa

conjuntamente el tiempo libre; página 28: un cachorro de Golden Retriever seguro de sí mismo en una de sus primeras salidas de exploración; página 46: muchas razas caninas necesitan salir varias veces todos los días; página 56: los perros bastardos son tan agradables como los de raza pura; página 66: este Beagle llama a su manada aullando; página 68: el lobo es el antepasado de todos los perros; página 74: la acción de escarbar es innata en todos los perros (fotografía: Münsterländer pequeño); página 88: los juegos de lanzamiento de pelota o de *frisbee* entusiasman a todos los perros. En la fotografía, un Perro de Pastor Australiano; página 106: grande (Golden Retriever) o pequeño (Chihuahua): entre las más de 300 razas caninas siempre habrá alguna apropiada; página 108: el Carlino es un perro ideal para la familia.

Redacción: Anita Zellner y Sibylle Kolb
Coordinación editorial:
Angelika Lang
Diseño de cubierta y maquetación:
independent Medien-Design, Múnich
Concepto: Schröter, Múnich
Producción: Susanne Mühldorfer

Traducción: Ambrosio Berasaín Villanueva
Revisión técnica y adaptación: Félix García Rodríguez

www.everest.es
Carretera León-La Coruña km 5 - LEÓN
ISBN: 84-241-8462-9
Depósito Legal: LE: 935-2002
Printed in Spain - Impreso en España

EDITORIAL EVERGRÁFICAS, S.L.
Carretera León-La Coruña km 5 - LEÓN (ESPAÑA)